KB093041

내車달인
교과서
자동차정비편

GoldenBell
www.gbbook.co.kr

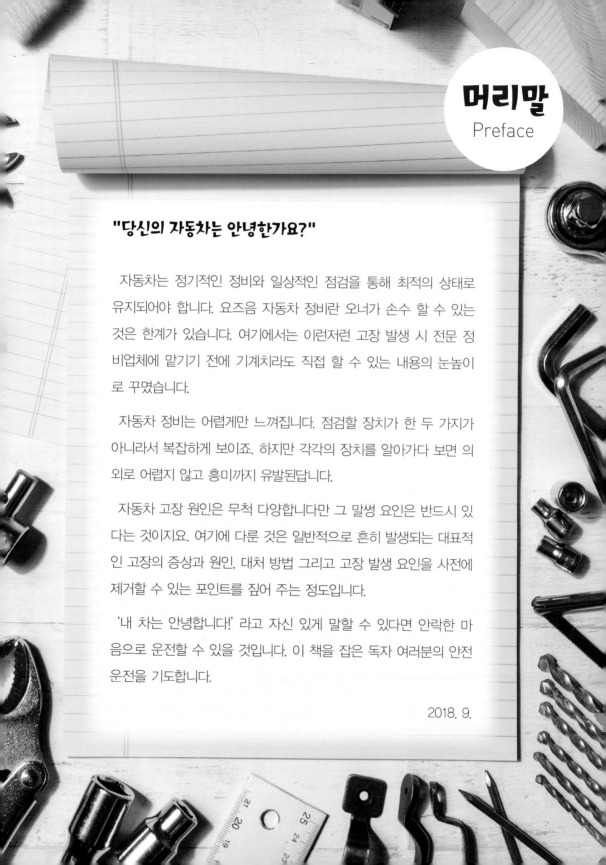

머리말
Preface

"당신의 자동차는 안녕한가요?"

자동차는 정기적인 정비와 일상적인 점검을 통해 최적의 상태로 유지되어야 합니다. 요즈음 자동차 정비란 오너가 손수 할 수 있는 것은 한계가 있습니다. 여기에서는 이런저런 고장 발생 시 전문 정비업체에 맡기기 전에 기계치라도 직접 할 수 있는 내용의 눈높이로 꾸몄습니다.

자동차 정비는 어렵게만 느껴집니다. 점검할 장치가 한 두 가지가 아니라서 복잡하게 보이죠. 하지만 각각의 장치를 알아가다 보면 의외로 어렵지 않고 흥미까지 유발된답니다.

자동차 고장 원인은 무척 다양합니다만 그 말썽 요인은 반드시 있다는 것이지요. 여기에 다룬 것은 일반적으로 흔히 발생되는 대표적인 고장의 증상과 원인, 대처 방법 그리고 고장 발생 요인을 사전에 제거할 수 있는 포인트를 짚어 주는 정도입니다.

'내 차는 안녕합니다!' 라고 자신 있게 말할 수 있다면 안락한 마음으로 운전할 수 있을 것입니다. 이 책을 잡은 독자 여러분의 안전운전을 기도합니다.

2018. 9.

차례
Contents

제3장 일반 정비

차례
Contents

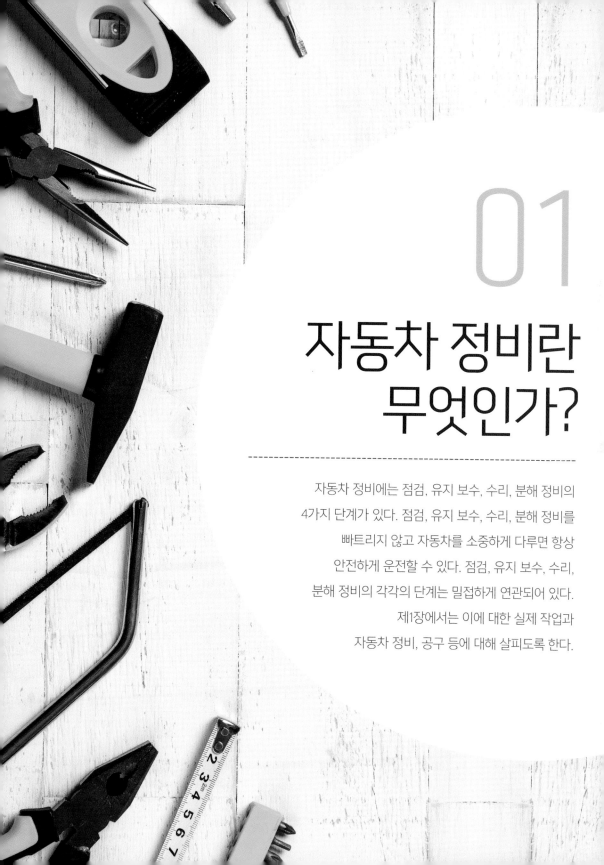

01

자동차 정비란
무엇인가?

자동차 정비에는 점검, 유지 보수, 수리, 분해 정비의
4가지 단계가 있다. 점검, 유지 보수, 수리, 분해 정비를
빠트리지 않고 자동차를 소중하게 다루면 항상
안전하게 운전할 수 있다. 점검, 유지 보수, 수리,
분해 정비의 각각의 단계는 밀접하게 연관되어 있다.
제1장에서는 이에 대한 실제 작업과
자동차 정비, 공구 등에 대해 살피도록 한다.

1 자동차 검사

자동차에 관한 법률 가운데 하나로「자동차관리법」이 있다. 이 법은 자동차를 효율적으로 관리하고 자동차의 성능 및 안전을 확보함으로써 공공의 복리증진을 목적으로 제정되었다.

이 법에 의거하여 자동차의 소유자는 국토교통부장관이 실시하는 신규 검사·정기검사·튜닝검사·임시검사·수리검사를 받아야 한다. 자동차의 검사는 한국교통안전공단법에 의해 설립된 한국교통안전공단 및 종합 검사 대행자 등이 대행할 수 있다.

자동차 신규검사

신규검사는 자동차를 구매하여 관할관청에 처음으로 등록(신규 등록)할 때 실시하는 검사로 영업소에서 매매계약서를 작성하면 모든 등록업무를 영업소에서 대행하기 때문에 당사자가 신청하여 신규검사를 받는 경우는 거의 없다.

자동차 정기검사

정기검사는 신규 등록 후 일정 기간마다 정기적으로 받아야 하는 검사이다. 비사업용 승용차는 신규 등록한 날짜로부터 4년 후에 첫 검사를 받고, 이후 2년마다 정기검사를 받아야 한다. 사업용 승용차는 신규 등록 후 2년 후에 첫 검사, 1년 주기로 검사소를 찾아야 한다. **검사 지정일 전후 30일 이내에 검사를 받지 않으면 과태료가 부과되므로 주의하자.** 정기검사 항목은 부록을 참조하기 바란다.

자동차 튜닝검사

튜닝 검사는 자동차 소유자가 국토교통부령으로 정하는 항목에 대하여 시장·군수·구청장의 승인을 받아 튜닝을 한 경우에 받아야 하는 검사이다.

자동차 임시검사

자동차 임시검사는 법에 따른 정비 명령이나 사고가 빈번하여 자동차 소유자의 신청을 받아 비정규적으로 실시하는 검사이다.

자동차 수리검사

전손(全損) 처리 자동차를 수리한 후 운행하려는 경우에 실시하는 검사이다.

자동차 종합검사

종합 검사 대상 지역에 등록된 모든 자동차는 일정 기간마다 정기적으로 종합 검사를 실시해야 한다. 수도권 및 인구 50만 이상 대도시에 등록된 차량이 포함된다. 종합 검사는 정기검사 항목에 배출가스 정밀검사를 추가로 실시하는 것이다.

자동차
검사장

자동차 기능 종합진단서

검사일자:　　년　　월　　일

자동차등록번호		소유자 명		차　　명	
차 대 번 호		원동기형식		최초등록일	
다음 종합검사일		재검사 기간		주 행 거 리	km

다음 검사는 위의 검사일 기준 전·후 31일 이내에 받으시면 됩니다.

진단항목				안전진단기준(검사기준)	진단결과	진단의견
조향계통		앞바퀴 정렬		옆 방향 미끄러짐량 (1m 주행에 5mm 이내)		
		조향계통 설치상태 등		변형·느슨함·누유여부 파워스티어링 오일량		
주행계통		차축·타이어·휠		외관의 손상·변형·돌출여부 타이어 상태		
		변속기 추진축 등		변속기 오일 오염도 추진축·등속조인트(손상·변형) 클러치 유격상태		
		뒷바퀴 정렬(옆 방향 미끄러짐)				
제동계통·브레이크시스템	제동력	앞축	전	앞축무게(　kg)의 50%이상	%(측정값:　kg)	
			후	앞축무게(　kg)의 50%이상	%(측정값:　kg)	
		뒷축	전	뒷축무게(　kg)의 20%이상	%(측정값:　kg)	
			중	뒷축무게(　kg)의 20%이상	%(측정값:　kg)	
			후	뒷축무게(　kg)의 20%이상	%(측정값:　kg)	
		전체브레이크		전체무게(　kg)의 50%이상	%(측정값:　kg)	
		주차브레이크		전체무게(　kg)의 20%이상	%(측정값:　kg)	
		좌·우 차이 (편차)	앞축 전	앞축무게(　kg)의 8%이하	%(　:　kg)	
			앞축 후	앞축무게(　kg)의 8%이하	%(　:　kg)	
			뒷축 전	뒷축무게(　kg)의 8%이하	%(　:　kg)	
			뒷축 중	뒷축무게(　kg)의 8%이하	%(　:　kg)	
			뒷축 후	뒷축무게(　kg)의 8%이하	%(　:　kg)	
	제동계통 설치상태 등			견고한 설치·손상·오일누출 배력장치의 작동상태		
				디스크·패드상태		
등화장치	전조등	밝기	좌/우	12,000(15,000) ~ 112,500cd	좌측밝기:　cd 우측밝기:　cd	
		비추는 방향	좌	상10/하30/좌15/우30cm이내	상　cm, 하　cm 좌　cm, 우　cm	
			우	상10/하30/좌30/우30cm이내	상　cm, 하　cm 좌　cm, 우　cm	
	기타 등화			설치위치, 등광색 등		

배출가스		휘발유 L P G	검사방법		
			일산화탄소(CO)		
			탄화수소(HC)		
			질소산화물(NOx)		
			공기과잉률(λ)		
		경유	검사방법		
			매연		
			최대출력		
			엔진회전수		
		배기, 소음 발산방지장치	배기관·소음기·촉매장치의 손상,변형 등이 없을 것		
계기계통		속도계	40km/h일 때(32~44.4km/h)		
		계기장치	운행기록계·최고속제한장치 설치 및 작동여부		

	검사항목		결과 및 의견	
관능 (육안) 검사	엔진오일 오염도 / 벨트상태 원동기 이상음 / 시동장치 / 방열기			
	동일성 / 차대 및 차체 / 물품적재장치			
	(승차 / 조종 / 완충 / 방화)장치			
	경음기 / (연결 및 견인 / 전기)장치			
	연료장치 / 내압용기 / 시야확보 / 창유리			
	기타장치			
서비스 제공				
종합 진단결과	〈종합의견〉 〈부적합 내용〉 〈시정권고 내용〉			

검사기관명   검사책임자 :   (서명/인)

본 진단서는 고객님의 차량 관리를 위한 진단결과입니다.

2 자동차 유지 보수

자동차 정기검사는 자동차 상태와 상관 없이 정해진 기간에 법률에 의하여 점검하는 것을 말한다. 이에 반해 유지 보수는 운전자가 필요할 때 자발적으로 검사하는 것이다. 다만 자동차를 안전하게 유지하기 위해 「일상 점검·정비」는 사용자의 의무라고 볼 수 있다. 여기서는 자동차를 안전하고 오래 유지할 수 있도록 해주는 유지 보수에 대해 살펴보겠다.

출발 전 점검

운전자는 출발하기 전에 점검해야 할 사항들이 있다. 자동차를 운전하는 데 있어서 문제가 없는지 확인하는 것이다.

운전석에 앉아서 확인할 사항은 엔진 시동이 걸리는 상태, 이상한 소리가 나는지, 브레이크 페달을 밟았을 때 밟히는 정도, 브레이크 작동 상태, 주차 브레이크가 당겨지는 정도(풋 브레이크는 밟히는 정도), **경음기**klaxon의 작동 여부, 윈도 워셔액의 분사 상태, 와이퍼가 닦이는 상태, 엔진의

감속과 가속 상태 등이다.

엔진룸 쪽에서는 윈도 워셔액의 양, 브레이크 오일의 양, 배터리 액의 양, 냉각수의 양, 엔진오일의 양, 팬벨트의 장력 상태를 확인한다. 자동차 외부에서는 타이어의 공기 압력·타이어의 균열이나 마모, 타이어의 홈 깊이, 라이트의 점등 상태를 확인하면 된다.

이러한 것들에 이상이 있을 경우 현지에서 수리 · 조정을 할 수 있다면 문제가 없지만, **수리가 안 된다면 해결될 때까지 운행을 해서는 안 된다**. 배터리는 종류에 따라 배터리 액을 점검을 할 수 없는 것도 있다. 파워 핸들 오일이나 자동변속기 오일에도 레벨 게이지가 있으므로 점검해 두는 것이 좋다.

일상적인 유지 보수

자동차에는 많은 소모품이 사용되고 있어서 대부분 고장의 징후가 있을 때는 조정 또는 교환하면 된다. 하지만 그중에는 정기적으로 교환이 필요한 것도 있다. 운전자가 점검을 통해서 정기적으로 교환할 품목으로는 엔진 오일, 자동변속기 오일, 냉각수이다. 최근에는 모두 품질이 좋아지면서 교환하는 기간이 길어지는 경향에 있다.

운전석에서 확인

1. 엔진의 시동 상태, 이상한 소리
2. 브레이크 페달의 밟히는 정도
3. 브레이크 작동상태
4. 파킹 브레이크
5. 경음기의 경적
6. 윈도 워셔액 분사상태
7. 와이퍼
8. 엔진 상태

자동차의 외부

1. 타이어 공기압
2. 타이어의 균열이나 마모
3. 타이어 홈 깊이
4. 라이트의 점등 상황

엔진룸 확인

1. 윈도 워셔액
2. 브레이크 오일
3. 배터리 액
4. 냉각수
5. 엔진 오일
6. 팬벨트 장력

출발 전 점검

3 수리·분해 정비

수리는 자동차에 문제가 발생되었을 때 (고장 상황) 그것을 원래의 상태로 되돌려 해결하는 것을 말한다. 자동차가 기계인 이상 피하고 지나칠 수 없는 현상이다.

고장의 징후

고장이 언제 일어날지는 모른다. 일상적인 점검·정비를 꼼꼼히 해놓으면 어느 정도 방지는 할 수 있지만 그래도 아예 안 일어나게 할 수는 없다. 고장은 운전자가 자동차의 상태를 파악하고 주의하다 보면 대부분은 발견할 수 있다. 그러기 위해서는 일단 눈으로 확인하는 것이 중요하다.

자동차에는 수온계 등과 같은 계기의 종류나 경고등(파일럿 램프)이 부착되어 있다. 각종 경고등에 이상이 표시되는지 주의할 필요가 있다. 귀로 듣는 것도 필요하다. 「평소에는 나지 않던 이상한 소리가 들리지 않는지」 귀를 기울여 보고, 만약 이상한 소리가 난다면 「어디에서 들려오는지」를 알아 두도록 한다.

냄새도 주의하는 것이 좋다. 연료·오일·배기가스 냄새나 누린 냄새 같은 것이 나면 중대한 고장으로 이어지는 경우도 적지 않다. 감각으로 파악할 수 있는 것도 있다. 액셀러레이터나 브레이크 페달을 밟았을 때 들어가는 정도나 핸들이 덜걱거리는 것도 고장의 징후인 경우가 있다.

어디서 수리할 것인가?

자신이 자동차 수리를 직접 한다면 자격이 없더라도 문제는 없다. 하지만 「분해 정비」를 동반하는 경우엔 자격이 있는 사람만이 유상으로 수리할 자격을 얻는다. 「분해 정비」를 업무로 할 수 있는 것은 국가로부터 지정·인증 받은 장소에서, 국가자격이 있는 사람에 한해서만 가능하다. 자동차 수리는 안전성과도 직결되기 때문에 국가가 엄격한 제도를 강제하고 있다.

엔진 경고등

 타이어 저압 경고등

 도어 열림 경고등

 안전 벨트 경고등

 연료 부족 경고등

 충전경고등

 트렁크 열림 경고등

 엔진 유압 경고등

 냉각수온 경고등

 에어백 경고등

 브레이크 경고등

 ABS 경고등

 EBD 경고등

 매연 경고등(디젤)

리프터로 자동차를 들어 올린 다음 자동차 정비사가 분해 정비를 하는 모습. 자동차의 분해 정비에는 특수한 설비와 자격이 필요하다.

분해·정비

4 정기검사 받는 방법

정기검사 일자가 다가오면 집으로 우편물이 날아오게 된다. 정해진 기간에 정기검사를 받으라는 내용과 함께 해당 주소지 인근의 주변 검사소 약도와 자동차 검사 준비사항 등이 친절하게 안내되어 있다.

예약과 필요 서류

우편물에 안내된 내용에 따라 한국교통안전공단 홈페이지에서 사전 예약을 신청할 수 있다. 사전 예약 시 수수료 감면 혜택이 있으며, 그 외 다른 특정 조건을 만족한다면 추가 수수료 할인도 가능하다. 검사에 필요한 서류는 **차량등록증과 자동차 보험 가입증** 두 가지이다. 보험증은 인터넷으로도 확인이 가능하다.

검사 현장에서

검사가 진행되는 동안 고객 쉼터에서 대기하면서 내 차가 어떤 검사를 받고 있는지, 검사 결과는 어떤지 모니터로 실시간 확인도 가능하다. 실제 검사받는 시간은 접수부터 종료까지 평균적으로 30분 내외가 소요된다. 대기자가 많을 경우 더 걸릴 수 있으니 사전 예약을 꼭 하도록 하자. 크지 않은 이상이 발견된다면 검사소에서 바로 정비가 가능하다. 만약 검사에 통과되지 못했다면 정비소에서 수리한 후에 다시 검사를 받아야 한다.

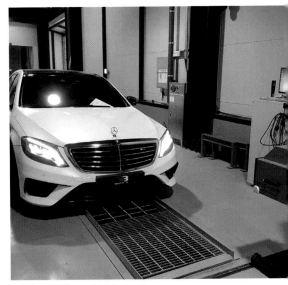

▲ 전조등 광도 및 광축 검사

인터넷 예약

한국교통안전공단 홈페이지 ▲

자동차 검사

▲ 사이드슬립, 제동력 검사

5 경고등의 의미

이름	모양	설명
유압 경고등		엔진오일이 부족하면 유압이 낮아져 경고등이 켜진다. 주행 중에 이 경고등이 켜지면 도로 옆으로 차를 안전하게 세우고 엔진오일 양을 점검한 후 부족하면 보충하여야 한다. 보충 후에도 경고등이 꺼지지 않으면 정비를 받아야 한다. 경고등이 켜진 상태에서 계속 주행하면 엔진 고장의 원인이 된다.
엔진 경고등		엔진의 전자제어 장치 등에 이상이 발생한 경우에 켜진다. 엔진의 정상적인 작동을 제어하는 엔진 전자제어 장치나 배기가스 제어에 관계되는 각종 센서에 이상이 있을 때 또는 연료 공급 장치(연료 탱크, 연료 필터 연결부, 연료라인 등)의 누유, 증발가스 제어장치(캐니스터, 연결 호스류) 일부분의 누수 발생 시 켜진다. 주행 중에 켜지면 가능한 빨리 정비를 의뢰하여야 한다.
냉각수 수온 경고등		냉각수의 온도를 나타낸다. 냉각수 온도가 120±3℃ 이상일 때 적색 표시등이 점등된다. 냉각수 온도가 적정 범위에 있을 때는 적색 경고등이 꺼진다.
충전 경고등		팬벨트가 끊어졌을 때 또는 충전 장치가 고장이 났을 때 경고등이 켜진다. 경고등이 켜진 상태로 주행하면 오버히트나 배터리의 방전을 일으킨다. 경고등이 켜졌을 때는 배터리 충전 상태를 확인하고 팬벨트나 충전 계통을 점검하여야 한다. 점검한 후에도 경고등이 꺼지지 않을 경우에는 점검을 받아야 한다.

이름	모양	설명
연료 부족 경고등		연료의 잔류 량이 적을 때 경고등이 켜진다. 연료가 완전히 소모된 상태로 운전하면 엔진 및 연료장치에 고장을 일으킬 수 있으므로 경고등이 켜지면 즉시 연료를 보충하여야 한다.
브레이크 경고등		핸드 브레이크가 작동 중이거나 브레이크액이 부족할 때 켜진다. 핸드 브레이크를 푼 상태에서 자동차 키를 ON으로 하면 경고등이 켜지고, 브레이크에 이상이 없으면 엔진 시동을 걸면 꺼진다. 엔진 시동 후 핸드 브레이크를 푼 상태에서도 경고등이 꺼지지 않으면 브레이크액의 양을 점검한 후 부족하면 보충한다. 보충 후에도 경고등이 계속 켜져 있을 경우에는 점검을 받아야 한다.
ABS 경고등		브레이크의 ABS에 이상이 발생한 경우에 켜진다. 엔진을 시동하면 하면 약 3초간 켜졌다가 꺼진다. 3초 후에도 계속 경고등이 켜져 있으면 ABS장치에 이상이 있는 것이므로 점검과 정비를 받아야 한다.
EBD 경고등		브레이크 경고등과 ABS 경고등이 동시에 켜진 경우, 제동력의 앞·뒷바퀴 배분 기능(EBD)이 작동하지 않기 때문에 급제동을 할 때 차가 불안정할 수 있다. 경고등이 켜지면 고속 주행이나 급제동을 피하고 곧바로 점검과 정비를 받아야 한다.
안전벨트 경고등		운전석의 안전벨트를 착용하지 않은 경우에 켜진다. 운전석의 안전벨트를 착용하지 않은 상태에서 자동차 키 ON 또는 엔진의 시동 상태에서 안전벨트를 풀면 6초간 경고음이 울리고 경고등이 계속 깜빡여 안전벨트를 착용하지 않았음을 알려준다.
도어 열림 경고등		도어가 열려 있거나 완전히 닫혀 있지 않은 경우에 경고등이 켜지고 도어가 완전히 닫히면 꺼진다.

이름	모양	설명
에어백 경고등		에어 백 장치에 이상이 발생한 경우에 켜진다. 엔진을 시동하면 경고등이 약 6초간 켜진 후 이상이 없으면 꺼진다. 자동차 키를 ON 상태에서 경고등이 켜지지 않거나, 6초 후에도 경고등이 꺼지지 않는 경우, 또한 주행 중에 경고등이 켜지면 에어백 장치에 이상이 있는 것이므로 정비를 받아야 한다.
트렁크·테일 게이트 열림 경고등		트렁크 · 테일 게이트가 열려 있거나 완전히 닫혀 있지 않은 경우에 경고등이 켜지고 트렁크 · 테일 게이트가 완전히 닫히면 꺼진다.
개별 도어 열림 위치 표시등		도어가 열려 있거나 완전히 닫혀 있지 않은 도어의 위치가 표시된다. 도어가 완전히 닫혀 있지 않은 상태로 주행하면 대단히 위험하다.
키 확인 표시등 (스마트 키 장착차량)		스마트 키가 차 안에 있을 경우에 시동 버튼 ACC 또는 ON 상태에서는 표시등이 수 초간 켜져 시동을 걸 수 있음을 알려 준다. 스마트 키가 차 안에 없다면 시동 버튼을 눌러도 표시등이 수 초간 깜빡이며, 시동을 걸 수 없음을 알려 준다. 이때는 시동이 걸리지 않는다. 시동 버튼을 눌렀을 때 스마트 키의 배터리 전압이 낮으면 표시등이 수 초간 깜빡이며 시동을 걸 수 없음을 알려 준다. 이때도 시동이 걸리지 않는다. 시동을 걸려면 시동 버튼에 스마트 키를 가까이 대고 시동 버튼을 누르면 된다. 단, 스마트 키 및 관련 장치에 이상이 있으면 표시등이 계속 깜빡인다.
차체 자세 제어 장치 (ESC) 작동 표시등		시동 ON 상태에서 표시등이 켜지고 ESC 장치에 이상이 없으면 약 3초 후 꺼진다. 운전 중 ESC가 작동할 때는 작동하는 동안 깜빡인다. 단, 작동 표시등이 꺼지지 않고 계속 켜지거나 주행 중 켜질 경우 ESC 장치에 이상이 생긴 것이므로 점검을 받아야 한다.
차체 자세 제어 장치 (ESC) 작동 정지 표시등		시동 ON 상태에서 켜지고 ESC 장치에 이상이 없으면 약 3초 후 꺼진다. 정지 버튼을 눌러 ESC를 해제시키면 표시등이 켜져 ESC 장치가 작동되지 않고 있음을 알려준다.

이름	모양	설명
저압 타이어 경고등 · TPMS 고장 경고등		시동 ON 상태에서 약 3초간 경고등이 켜진다. 만약 경고등이 켜지지 않거나 일정시간(약 1분) 깜빡인 후 켜지면 타이어 공기압 감지 시스템에 이상이 있는 것이므로 정비를 의뢰하여야 한다. 타이어 공기압이 현저하게 낮아질 경우 저압 타이어 경고등이 켜진다.
전동 파워 스티어링 경고등		시동을 ON으로 하거나 전동 파워 스티어링이 고장일 경우 경고등이 켜진다. 주행 중 경고등이 켜질 경우 전동 파워 스티어링 장치에 문제가 예상되므로 서비스업체에서 점검을 받아야 한다.
예열 표시등 (디젤차량)		예열 플러그의 예열 상태를 표시한다. ■ 시동 ON 상태가 되면 켜지고 예열 플러그의 예열이 완료되면 꺼진다. 표시등이 소등되지 않으면 시동이 걸리지 않을 수 있다. ■ 엔진 냉각수의 온도에 따라 예열 표시등의 꺼지는 시간이 다르다. ■ 엔진 시동 후 차량 주행 중에 지속적으로 예열 표시등이 점멸하는 경우에는 차량 주행에 이상이 발행할 수 있으므로 점검 및 정비를 받아야 한다.
연료 필터 수분 경고등 (디젤차량)		시동 ON 상태에서 점등되고, 약 3초 후 꺼진다. 연료 필터 내에 물이 규정량 이상이 되면 시동 상태에서 경고등이 계속 점등된다. 경고등 점등 시에는 즉시 서비스업체에서 연료 필터의 물 빼기를 실시하여야 한다.
매연 필터 장치(DPF) 경고등 (디젤차량)		디젤 차량의 매연 필터 장치에 이상이 발생된 경우 매연 필터 장치(DPF) 경고등이 켜진다. 이 경우 안전이 확보된 운행 조건에서 60km/h 이상 또는 자동변속기를 2단 이상으로 하고 엔진 회전을 1,500~2,500rpm 으로 약 25분 이상 주행을 하면 경고등이 꺼진다. 만약 위와 같은 주행 후에도 경고등이 꺼지지 않으면 LCD 표시창에 경고 메시지가 표시된다. 이 경우 가능한 빨리 점검을 받아야 한다.

6 필요한 주요 공구

자동차 정비에는 다양한 공구가 사용된다. 자동차 전용 특수공구 등도 많이 있다. 또한 공장에 고정시켜 놓는 대형 장치나 컴퓨터가 딸린 정밀 장치도 많아졌다. 자동차 정비용 공구는 종류가 아주 다양하기 때문에 여기서는 주요 공구만 살펴보겠다.

드라이버

자동차에는 수많은 나사가 사용되므로 그것을 조이거나 풀기 위한 드라이버는 필수 공구라고 할 수 있다. 드라이버는 홈 깊이 등에 따라 다양한 종류가 있다. 엔진룸 안쪽은 좁은 곳도 많아서 짧은 스터비stubby 타입이나 축 부분이 긴 롱long 타입도 많이 사용된다.

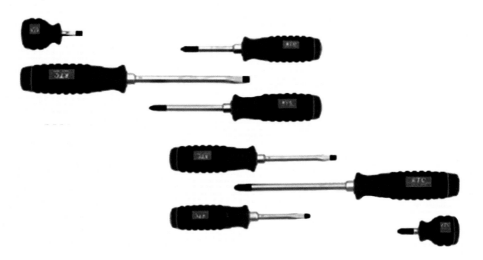

▲ 다양한 종류의 드라이버

스패너 · 렌치

나사와 마찬가지로 볼트나 너트도 많이 사용된다. 이것들을 조이거나 푸는 것이 스패너나 렌치이다. 작업 효율이 좋은 래칫 렌치도 필수 공구 가운데 하나라고 할 수 있다. 육각렌치나 꽃문양 렌치같이 특수한 것도 많이 사용된다.

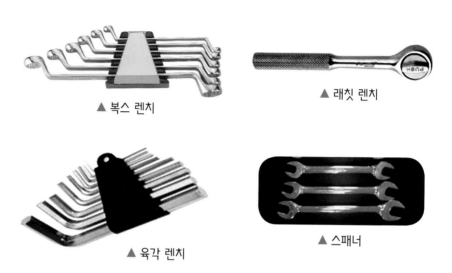

▲ 복스 렌치

▲ 래칫 렌치

▲ 육각 렌치

▲ 스패너

플라이어 · 펜치

롱 노즈 플라이어는 용도가 폭넓어 자동차 정비에는 빼놓을 수 없는 공구이다. 커팅 플라이어는 코드나 밴드 등을 절단하는데 편리하다. 플라이어나 펜치는 집어서 돌리거나 빼낼 때 사용한다.

▲ 롱 노즈 플라이어

▲ 커팅 플라이어

▲ 플라이어

해머

해머는 타격을 줄 대상과 어떻게 타격을 주느냐에 따라 헤드 재질을 선택할 수 있다. 주요 해머로는 금속 해머, 플라스틱 해머, 고무 해머가 있다. 금속 부분을 두들겨 소리를 확인하거나 이상을 발견하는 검사 해머 같은 공구도 있다.

◀ 금속 해머

◀고무 해머

검사 해머 ▶

전기장치 작업용 공구

전기장치 작업에 있어서 배선 등을 할 때 사용하는 공구로 전공 펜치, 전기 검사용 테스터 같은 것들이 있다.

▲ 전기 검사용 테스터

▲ 전공 펜치

계측 · 측정용 공구

자동차는 정밀한 부품을 사용하는 부분이 많다. 특히 엔진 등은 약간의 차이가 성능이나 안전성과 관련되는 것도 있다. 그런 부품을 조정하거나 계측할 때 사용하는 것이 버니어 캘리퍼스, 마이크로미터, 틈새 게이지 등과 같은 정밀한 계측 공구이다. 점화 플러그의 갭 조종이나 부품을 갈아내는 등 마이크론 단위의 작업이 필요한 경우도 있기 때문이다.

또한 자동차의 볼트 중에는 주행이나 브레이크와 같이 매우 중요한 부위에 사용되는 것이 많다. 이런 볼트를 적절하게 체결하지 않으면 풀리거나 나사가 망가지면서 매우 위험한 상태가 된다. 그래서 중요한 볼트 등을 체결할 때는 규정 토크로 조여야 한다. 그러기 위한 툴이 토크 렌치이다. 일반 렌치 등으로 가볍게 조인 다음, 토크 렌치로 정확하게 조여야 규정 토크로 체결할 수 있는 것이다.

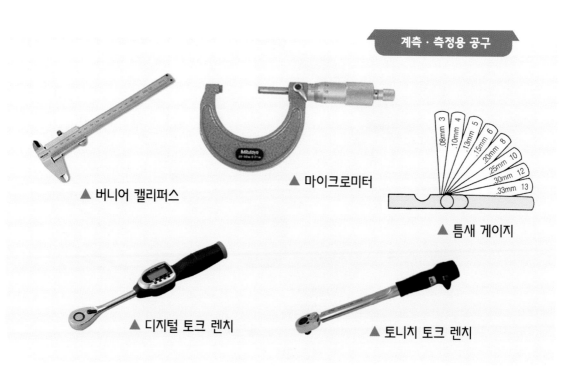

계측 · 측정용 공구

▲ 버니어 캘리퍼스

▲ 마이크로미터

▲ 틈새 게이지

▲ 디지털 토크 렌치

▲ 토니치 토크 렌치

특수 공구

자동차는 매우 복잡한 구조를 하고 있어서 다른 기계와의 범용성이 없으므로 전용 특수 공구가 많이 있다. 완충장치인 서스펜션을 탈착할 때 사용하는 것은 스프링 컴프레서이다. 브레이크를 탈착할 때도 전용 공구를 사용한다.

내장 등을 고정하는 핀을 빼기 위해서는 트림 리테이너 기구 등을 사용한다. 엔진 오일 필터를 교환할 때 사용하는 필터 렌치도 다른 기계에서는 사용하지 않는 공구이다. 점화 플러그를 교환할 때는 플러그 렌치가 필요하다. 좁은 곳에서 배선 작업을 할 때 배선 가이드를 사용하면 간단하다. 개중에는 대용할 수 있는 것도 있지만 안전하고 확실하게 또 효율적으로 작업하기 위해서는 전용 공구를 사용하는 것이 좋다.

▲ 스프링 컴프레서

▲ 플러그 렌치

▲ 필터 렌치

리프트 · 잭

자동차 하부를 점검 · 정비할 때 자동차를 들어 올리는 장비가 리프트이다. 구조에 따라 2주식 리프트, 4주식 리프트, 시저스 리프트, 팬터그래프 리프트 등이 있다.

리프트를 사용하지 않을 경우엔 유압 잭과 리지드 랙을 사용한다. 자동차를 들어 올리지 않고 작업 침대를 사용해 밑으로 들어가서 작업하는 경우도 있다.

◀ 작업 받침대

리프트

▲ 2주식 리프트

▲ 4주식 리프트

▲ 팬터그래프 리프트

▲ 시저스 리프트

잭

▲ 유압 잭

▲ 리지드 랙

◀ 개리지 잭

에어 공구

에어 공구를 사용하려면 컴프레서와 배관이 필요하다. 전동 공구에 비해 토크가 있고, 토크의 조정이 쉬우며, 작고, 가볍다. 열이 없기 때문에 연속 작업이 가능하고, 구조가 간단해 유지 보수가 쉬우며, 누전에 의한 화재 걱정이 없다는 등의 장점이 있다. 가장 많이 사용되는 것은 임팩트 렌치이다. 타이어 교환처럼 대형 고정형 장비도 에어를 동력으로 삼아 이용하는 것이 있다.

▲ 임팩트 렌치

▲ 컴프레서

하체 관련 기기

휠 얼라인먼트를 측정하는 것이 얼라인먼트 장치이다. 타이어를 휠에서 벗길 때는 타이어 체인저를 사용한다. 약간만 힘을 주면 얇은 타이어라도 쉽게 탈착할 수 있다. 타이어를 장착한 휠의 균형을 맞추는 것은 휠 밸런서이다.

▲ 휠 얼라인먼트 테스터

▲ 타이어 탈착기

차량 검사기기

차량 검사를 하기 위한 테스터 장치로서 사이드슬립, 브레이크, 스피드 미터를 검사한다. 각각 단독으로 사용하는 타입과 복합 타입이 있다. 헤드라이트의 광축 등을 보는 것은 헤드라이트 테스터이다.

자동차에는 자기진단 기능인 OBD Ⅱ라고 하는 시스템이 있어서, 여기에 접속할 수 있는 스캔 장치도 있다. 이것을 이용하면 상태가 좋지 않은 부위를 쉽게 파악할 수 있다.

사이드슬립,
제동력,
스피드미터 검사

▲ 헤드라이트 테스터

▲ 자기진단기

02

정기적인
점검 정비

정기적인 점검과 정비를 통해 자동차는
안전하게 달리 수 있다. 점검할 장치가 여러 가지라서
복잡하게 보이기도 하지만, 각각의 장치를
하나씩 알아보면 의외로 단순한 구조라는 것을 알 수
있을 것이다. 제2장에서는 각 장치의 개략적인 면을
파악함으로써 다양한 자동차의 차이와 공통점을
살펴보기로 하겠다.

1 정기점검 정비란?

자동차는 시간이 경과하고 주행거리가 증가함에 따라 그 기능이 노화된다. 각 메이커에서 추천하는 정기 점검 주기표에 따라 점검 정비하여 차량의 수명을 연장하고 주행 중 갑작스런 고장으로 인한 사고의 위험에서 벗어나야 한다.

점검 정비를 할 때는 반드시 각 메이커의 순정부품을 사용하고 차량에 대한 특별한 지식과 장비를 갖춘 각 메이커의 직영 서비스 센터 또는 서비스협력사에서 실시하여야 한다. 만일, 순정부품을 사용하지 않거나 각 메이커의 직영 서비스 센터 또는 서비스협력사가 아닌 곳에서 점검 정비하여 발생하는 클레임은 보증수리 기간이라도 보증수리를 받을 수 없으므로 주의하여야 한다. 자세한 사항은 각 차량에 지급된 자동차 사용 설명서의 보증서를 참고하기 바란다. 또한, 자동차관리법에 따라 자동차 소유자는 자동차의 신규등록일로부터 해당 기간이 경과되면 반드시 점검 및 검사를 받아야 한다.

●●● 점검 정비 시 주의사항

■ 경사가 없는 평탄한 장소에서 실시하여야 한다.
■ 시동 「OFF」 또는 「ACC」로 한 후 변속 레버를 「P」(주차)에 위치시킨 후 주차 브레이크를 작동시켜 놓아야 한다.
■ 엔진 시동 상태에서 점검을 해야 할 때가 아니면 반드시 엔진 시동을 끄고 실시하여야 한다.
■ 점검 정비는 환기가 잘 되는 장소에서 실시하여야 한다.
■ 차량 밑에서 작업할 때는 반드시 리프트를 사용하여야 한다.
■ 배터리의 「－」 단자를 분리하고 점검 정비를 실시하여야 한다.

일상 점검

일상 점검이란 자동차를 운행하는 사람이 매일 차량을 운행하기 전에 시행하는 점검을 말하며, 이는 안전 운행에 필요한 최소한의 점검이고 운전자의 의무이다. 반드시 실시하여야 한다.

일반적인 조건의 점검

다음의 일반적인 조건의 점검주기는 주행거리에 따른 주기를 기본으로 하였으나 일부 부품은 주행거리와 함께 시간의 경과에 따라서도 점검 또는 교환해야 하는 경우도 있다. 다음과 같은 거리 · 시간의 병기 항목은 차량의 주행거리와 경과시간 중 먼저 도래하는 시점에 해당 부품의 점검이나 교환을 해야 하므로 주의하여야 한다.

■ 엔진 오일 및 오일 필터
■ 구벨트

정기 점검

차량을 주로 다음과 같은 조건이 아닌 곳에서 사용했다면 일반적인 조건의 점검 주기를 따라 시행한다. 그러나 만약 다음과 같은 조건에서 사용했다면 가혹 조건의 점검 주기를 따라 시행하여야 한다.

■ 짧은 거리를 반복해서 주행하였을 경우
■ 모래, 먼지가 많은 지역을 주행하였을 경우
■ 공회전을 과다하게 계속시켰을 경우
■ 32℃ 이상의 온도에서 교통체증이 심한 곳을 50%이상 주행하였을 경우
■ 험한 길(모래 자갈길, 눈길, 비포장길) 등의 주행빈도가 높은 경우
■ 산길, 오르내리막길 등의 주행빈도가 높은 경우
■ 경찰차, 택시, 상용차, 견인차 등으로 사용하는 경우
■ 고속주행(170km/h이상)의 빈도가 높은 경우
■ 잦은 정지와 출발을 반복으로 주행하였을 경우
■ 소금, 부식물질 또는 한랭지역을 운행하는 경우

위와 같은 조건에서 차량을 운행했다면, 정기 점검 주기보다 더 자주 점검, 교환, 보충하여야 한다.

2 조향 장치의 원리

조향 장치란 자동차가 회전하기 위해 필요한 부품들을 말한다. 스티어링 휠(핸들)을 돌렸을 때 기어 장치나 링크 기구를 매개로 그 힘을 앞쪽 바퀴로 전달함으로써 자동차를 부드럽게 좌우 방향으로 회전시키는 장치이다.

조향 장치의 기본 원리

핸들을 돌렸을 때 타이어의 방향을 임의로 바꾸는 조향 장치는 보기와 달리 단순하지 않다. 예를 들면 자동차가 회전할 때 각각의 타이어는 같은 각도로 꺾이고 있는 것이 아니다. 같은 각도로 꺾인다면 타이어가 그리는 원의 중심이 각각 달라져 타이어의 궤적이 바뀐다.

실제로는 **타이로드**가 설치되어 있어서 타이어의 궤적이 같아지도록 무리하게 보정함에도 불구하고 타이어는 미끄러지는 것이다. 이런 상태에서 자동차가 안정적으로 주행하지 못하고 휘청거리게 된다. 자동차가 커브를 부드럽게 돌기 위해

서는 안쪽 타이어를 더 많이 틀어서 좌우 타이어가 동심원을 그리도록 해야 한다. 그래서 개발된 것이 **애커먼·장토 기구** Ackermann·Jeantaud Scheme이다.

이 기구는 너클 암에 각도를 주어 타이로드에 연결시킴으로써 조향 핸들을 조작했을 때 안쪽에 있는 타이어가 일정한 비율로 바깥쪽 타이어보다 더 많이 꺾이도록 해주는 시스템이다. 이렇게 하면 좌우 타이어의 궤적이 동심원을 그리게 됨으로써 미끄러지는 등의 상태가 잘 일어나지 않는다.

「애커먼·장토 기구」라는 명칭은 사람 이름을 합친 것으로 영국인인 애커먼과 프랑스인 장토가 완성시킨 기구이기 때문에 이러한 이름이 붙었다. 두 사람의 공동으로 연구한 것은 아니고, 애커먼이 생각해 낸 기구를 장토가 개량하여 완성시킨 것이다. 현재의 자동차는 이 이론을 바탕으로 해서 조향 장치를 설계하고 있다.

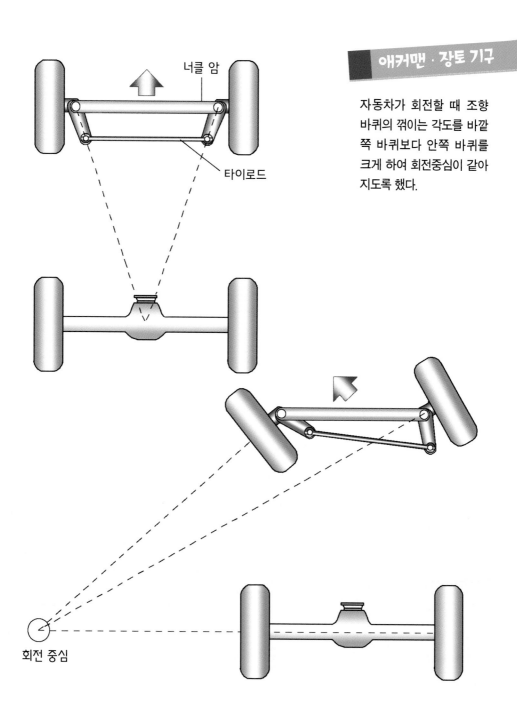

너클 암

타이로드

회전 중심

자동차가 회전할 때 조향 바퀴의 꺾이는 각도를 바깥쪽 바퀴보다 안쪽 바퀴를 크게 하여 회전중심이 같아지도록 했다.

3 조향 장치

조향 기어

조향 핸들을 돌리면 자동차는 방향을 바꾸게 되는데, 이때 핸들을 돌리는 것이 그대로 타이어에 전달되는 것은 아니다. 조향 핸들의 회전운동이 조향 축을 매개로 타이로드의 왕복운동으로 변환되기 때문이다.

또한 조향 핸들을 돌리는 만큼만 타이어가 움직인다면 급격한 핸들 조작이 되기 때문에 아주 위험하다. 그래서 조향 핸들의 회전을 감속하고 그것을 토크로 바꾸어 타이로드로 전달한다. 그런 역할을 담당하는 것이 조향 기어이다.

이런 조향 장치들은 대부분 바, 조인트, 기어로 구성되기 때문에 연결 위치나 조이는 상태에 따라 약간의 조정이 가능하다. 차령에 의해 노화나 진동 등의 영향으로 문제가 생겼을 경우는 가능한 범위에서 조정을 통해 수정하지 않으면 불량 부위의 부품을 교환하게 된다.

조향 기어 장치는 여러 가지 방식이 있으며, 주요 방식은 다음과 같다. 각각의 특징이 다르기 때문에 자동차의 특성에 맞춰서 적용하고 있다.

웜 섹터Worm Sector 방식

조향 축에 장착된 나선 형상의 기어(웜 기어)와 여기에 연결되어 왕복운동으로 변환시키는 부채꼴 기어(섹터 기어)로 구성되어 있다. 기어 대신에 롤러를 이용하는 (웜 섹터 롤러)방식도 있다.

볼 너트Ball Nut 방식

웜 섹터 방식과 구조는 비슷하지만 웜 기어와 섹터 기어 사이에 볼 너트를 배치하여 힘을 전달한다. 구조가 약간 복잡해지지만 볼 베어링에 의한 점접촉이 조작을 가볍고 원활하게 해준다는 장점이 있다.

랙과 피니언Rack·Pinion 방식

조향 축 끝에 피니언 기어를 연결한 다음 판 형상의 랙 기어와 맞물리게 해 왕복운동을 시키는 방식이다. 장치가 간단하고 장착 공간이 크지 않다. 다만 노면으로부터의 반동을 받기 쉽기 때문에 이것을 완충해 주는 장치가 필요하다.

파워 스티어링

유압을 통해 조향 핸들의 조작을 보조하는 장치이다. 정지할 때나 저속일 때 무거워지는 조향 핸들의 조작을 가볍게 함으로써, 주차할 때와 같은 상황에서 운전자를 편하게 해준다. 고속일 때 기능이 과도하게 작동하면 급하게 움직일 위험성이 있기 때문에 제한하는 기능이 같이 들어가 있다.

스티어링 기어의 구성
(랙·피니언 방식)

조향 핸들
운전자가 조작하는 부분. 조작하기 쉽도록 크기, 그립, 스포크의 형상이 만들어졌다

조향 축
조향 핸들의 회전운동을 조향 기어 박스로 전달한다.

타이로드
끝부분이 너클 암에 연결되어 있어 타이어를 움직인다.

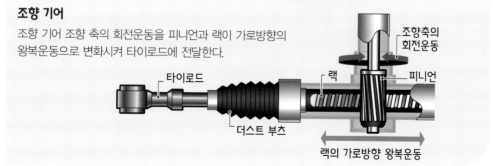

조향 기어
조향 기어 조향 축의 회전운동을 피니언과 랙이 가로방향의 왕복운동으로 변화시켜 타이로드에 전달한다.

타이로드

더스트 부츠

랙

피니언

조향축의 회전운동

랙의 가로방향 왕복운동

4 엔진 브레이크
핸드 브레이크

자동차는 큰 운동에너지로 움직이기 때문에 엔진의 작동이 멈췄다고 해서 바로 정지하지 못한다. 왜냐하면 관성의 법칙으로 인해 계속 움직이려고 하기 때문이다. 그래서 자동차를 정지시키기 위해서는 강력한 제동 기능이 필요하다. 또한 정지한 자동차가 쉽게 움직이지 않도록 하기 위해 안전장치로서의 의미를 가진 기능도 필요하다. 이런 것들을 총칭해서 **제동 장치(브레이크)**라고 하는 것이다.

제동 장치는 자동차를 움직이는 데 있어서 매우 중요한 장치로서 작동이 확실하고, 조작이 간단하며, 신뢰성이나 내구성이 뛰어나고, 작동할 때 핸들링에 영향을 주지 않아야 한다. 또한 조작하지 않을 때는 바퀴의 회전에 영향을 주지 않는 등 세밀한 조건이 요구된다.

엔진 브레이크

자동차를 정지시키거나 감속시키기 위한 브레이크와는 별도로, 관성으로 계속 달리려 하는 자동차의 에너지를 흡수시키는 브레이크가 엔진 브레이크라 할 수 있다.

엔진은 내부로 들어온 공기와 연료를 연소시켜 동력을 얻는 내연기관인데, 이들의 공급을 줄이면(액셀러레이터 페달에서 발을 떼거나 변속기의 기어를 저속 단으로 낮추면) 엔진이나 변속기에 저항이 생겨 감속을 할 수 있다. 언덕길을 내려갈 때 등과 같이 비교적 오랜 시간에 걸쳐 감속을 위한 제동력을 얻고자 하는 상황 등에서 유효하다.

핸드(주차) 브레이크

자동차를 정지시켜 놓았을 때 다시 움직이지 않도록 하기 위한 브레이크이다. 일반적으로는 기계식이 대부분으로, 브레이크 와이어를 당겨 뒷바퀴에 브레이크가 작동되도록 설계되어 있다. 올바로 작동하게 하려면, 와이어를 조정해서 당기는 힘이 적절하게 유지되도록 하여야 한다.

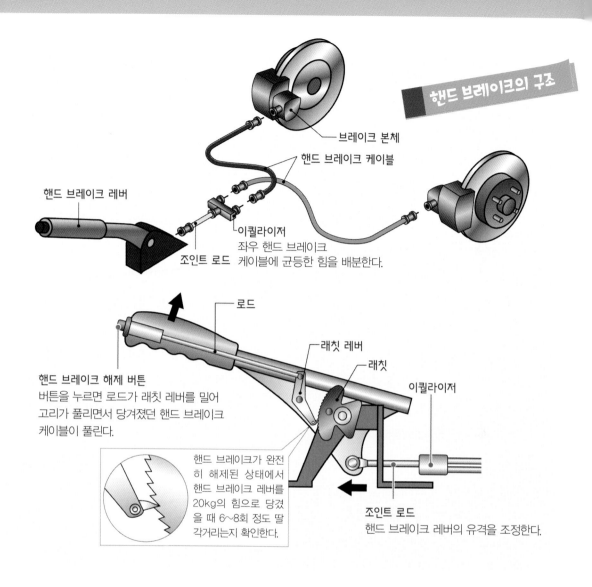

핸드 브레이크의 구조

브레이크 본체

핸드 브레이크 케이블

핸드 브레이크 레버

이퀼라이저
좌우 핸드 브레이크
케이블에 균등한 힘을 배분한다.

조인트 로드

로드

래칫 레버

래칫

이퀼라이저

핸드 브레이크 해제 버튼
버튼을 누르면 로드가 래칫 레버를 밀어
고리가 풀리면서 당겨졌던 핸드 브레이크
케이블이 풀린다.

핸드 브레이크가 완전
히 해제된 상태에서
핸드 브레이크 레버를
20kg의 힘으로 당겼
을 때 6~8회 정도 딸
각거리는지 확인한다.

조인트 로드
핸드 브레이크 레버의 유격을 조정한다.

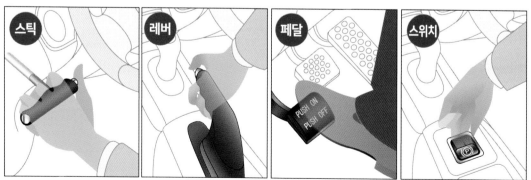

스틱

레버

페달

PUSH ON
PUSH OFF

스위치

▲ 핸드 브레이크의 종류

5 드럼 브레이크 디스크 브레이크

브레이크는 자동차를 정지시키는 주요 장치로서 발쪽에 있는 페달을 밟으면 작동한다. 페달을 밟으면 마스터 실린더에 힘이 전달된다. 마스터 실린더는 브레이크 오일을 매개로 유압을 발생시켜 브레이크 파이프, 호스를 통해 브레이크 본체를 작동시킨다.

브레이크 오일을 사용하지 않고 와이어로 전달하는 것을 **기계식 브레이크**라고 하며, 현재는 주로 핸드 브레이크에 많이 사용한다. 차량의 무게가 많이 나가는 대형 차량이나 고속주행을 전제로 하는 스포츠카는 다른 힘을 이용하는 **전동식 브레이크(서보 브레이크)**를 채택하고 있다. 압축 공기 브레이크 등이 그런 방식이다.

드럼 브레이크

브레이크 본체가 드럼 방식인 것을 말한다. 바퀴와 연결되어 있는 드럼 안쪽에 브레이크를 작동하기 위한 브레이크 슈가 배치되어 있으며, 브레이크 슈를 안쪽에서 바깥쪽으로 밀어내 드럼 안쪽에 압착시키면 마찰이 일어나 브레이크가 걸리는 구조이다. 구조가 간단하고 작동이 확실하다는 장점이 있다. 브레이크 슈는 소모품이기 때문에 교환을 해줘야 한다. 외부에서는 마모 상태를 체크할 수 없기 때문에 자동차의 사용 상황을 고려해 대부분 정기적으로 교환한다.

디스크 브레이크

브레이크 드럼 대신에 디스크 로터를 사용한다. 디스크 로터 양쪽에 브레이크 패드를 배치하며, 패드가 디스크 로터를 양쪽에서 잡아주면 마찰이 일어나 브레이크가 걸린다. 방열성이 뛰어나고 제동력이 안정적이라는 장점이 있다. 브레이크 패드는 소모품이기 때문에 마모 상황을 보고 교환해야 한다.

브레이크를 강하게 걸면 타이어는 완전히 정지한다. 이때 관성으로 인해 자동차 본체가 정지되지 않으면 제어력을 상실하여 조향 핸들의 조작이 어렵게 된다. 브레이크 페달을 밟는 양을 조정해 주면 효율적으로 제동을 할 수 있는데 타이어가 잠기지lock 않도록 하는 것이 어렵다. 그래서 전자제어로 그런 동작을 하는 것이 ABSAntilock Brake System이다.

제동 장치는 자동차가 달리는데 있어서 매우 중요한 시스템이기 때문에 새로운 안전보조 장치를 개발한 후에는 차례차례 자동차에 적용하고 있다.

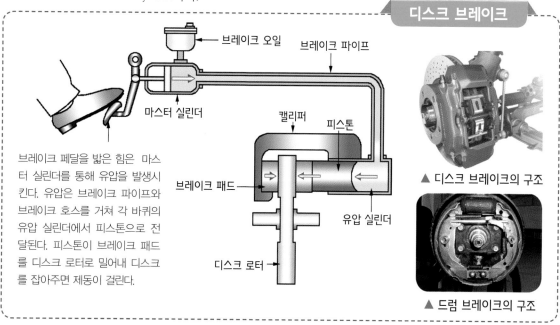

브레이크 오일

브레이크 파이프

마스터 실린더

캘리퍼

피스톤

브레이크 페달을 밟은 힘은 마스터 실린더를 통해 유압을 발생시킨다. 유압은 브레이크 파이프와 브레이크 호스를 거쳐 각 바퀴의 유압 실린더에서 피스톤으로 전달된다. 피스톤이 브레이크 패드를 디스크 로터로 밀어내 디스크를 잡아주면 제동이 걸린다.

브레이크 패드

유압 실린더

디스크 로터

▲ 디스크 브레이크의 구조

▲ 드럼 브레이크의 구조

ABS의 구성

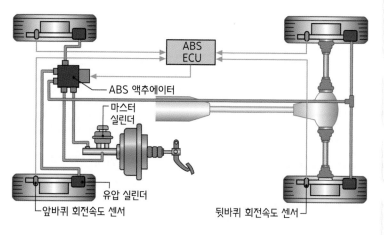

ABS ECU

ABS 액추에이터

마스터 실린더

유압 실린더

앞바퀴 회전속도 센서

뒷바퀴 회전속도 센서

타이어가 잠기면(lock) 앞뒤 바퀴의 회전속도 센서가 화전을 감지하여 ABS ECU로 전달한다.

ABS ECU는 유압을 낮게 하도록 ABS 액추에이터에 지시한다.

ABS 액추에이터가 유압을 낮추어 유압 실린더로 보낸다.

유압 실린더에서 유압이 낮아져 잠기지 않게 된다.

6 휠 얼라인먼트

자동차가 달릴 때 타이어는 지면을 향해 수직으로 위치하지 않는다. 자동차의 안정성, 직진성, 복원성 등을 유지하면서 타이어의 편마모를 방지하기 위해 다양한 방향으로 각도를 주어 위치하게 된다.

이것을 **휠 얼라인먼트**라고 하며, 차량을 검사를 할 때 **사이드슬립** 항목으로 검사한다. 다만 차량의 검사에서 이 항목의 목적은 자동차의 안전성에 대해서뿐만 아니라 도로의 보호라는 관점도 포함되어 있다.

킹 핀 경사각

킹 핀king pin이란 핸들을 돌려 타이어가 방향을 바꿀 때 회전중심 축(조향 축)을 말한다. 이 축이 수직에 대해서 기울어진 각도가 「킹 핀 경사각」으로, 자동차의 앞쪽에서 보면 스트럿 중심선이 안쪽으로 기울어져 있는 것을 볼 수 있다. 이것은 직진성과 복원성을 유지하기 위한 것이다. 이 기울기는 캠이나 조종 너트로 조정한다.

캠버각

타이어가 노면에 접지된 상태에서 타이어 중심선이 수직에 대하여 이루는 각도를 말한다. 자동차의 앞쪽에서 보면 타이어 중심선의 위쪽이 바깥쪽으로 기울어진 각도로 육안으로는 확인하기 어려운 각도이다, 이것은 자동차가 달리면 타이어가 수직으로 유지되어 조향 핸들의 조작을 가볍게 한다.

토 인

앞바퀴를 위에서 보았을 경우 좌우 타이어 중심선의 거리가 앞부분이 좁고 뒷부분이 넓게 장착되어 있다. 이것이 **토 인**toe in이다. 캠버 각으로 인해 앞바퀴는 밖으로 굴러가려는 힘이 발생하기 때문에 이것을 해소하여 사이드슬립과 타이어 마모를 방지하고, 앞바퀴를 평행하게 회전시킨다.

캐스터각

조향 축의 기울기 각도를 말한다. 이것은 핸들의 복원력을 높이는 동시에 직진성을 유지하기 위한 것이다. 이것은 일반적으로 조정할 수 없게 되어 있다.

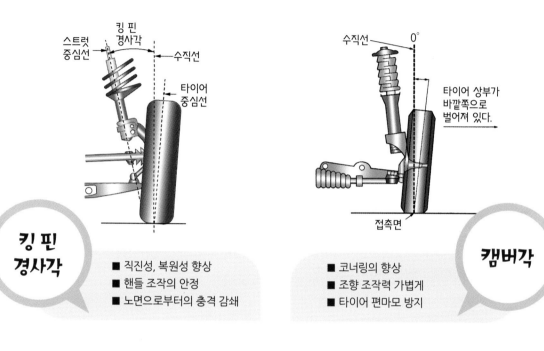

킹 핀 경사각

- 직진성, 복원성 향상
- 핸들 조작의 안정
- 노면으로부터의 충격 감쇄

캠버각

- 코너링의 향상
- 조향 조작력 가볍게
- 타이어 편마모 방지

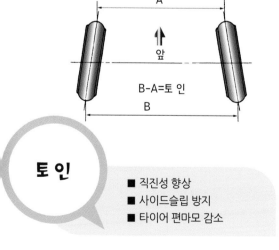

토 인

- 직진성 향상
- 사이드슬립 방지
- 타이어 편마모 감소

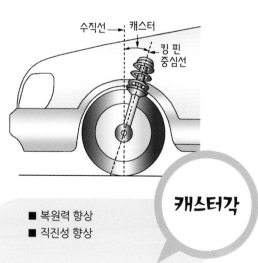

캐스터각

- 복원력 향상
- 직진성 향상

7 휠 & 타이어

휠은 타이어와 결합되어 허브에 연결된다. 장착이 가능한 타이어와 휠의 크기는 자동차마다 다르다. 이것은 단순히 자동차의 성능이나 안전성 문제뿐만 아니라, 휠을 포함한 타이어의 원둘레와 직경, 폭 같은 것들이 자동차의 속도 계측(스피드미터)과 주행거리(ODO미터), 크기(전폭·전고)와 관련되어 있기 때문이다.

타이어나 휠을 새로 장착할 때 또는 일정한 거리를 주행한 다음에는 **휠 밸런스**를 맞춰져야 한다. 타이어나 휠이 정밀하게 만들어지기는 하지만 그래도 전부 다 균등하지는 않다. 타이어와 휠은 회전운동을 하기 때문에 밸런스가 나쁘면 주행에 지장을 줄 뿐만 아니라 연결된 각 부품에도 과도한 부담을 주게 되어 고장의 원인이 된다.

휠

스틸 또는 알루미늄 같은 소재로 만들어진다. 타이어를 끼운 다음 볼트·너트를 이용해 허브와 결합한다. **직경(림 지름)**이나 **폭(림 폭)**은 물론이고 장착 볼트 구멍의 위치(P.C.D)나 볼트 수·림의 중심선과 장착 디스크 면의 거리(옵셋) 같은 항목에 있어서는 각각의 크기나 규격이 있다.

타이어

타이어는 휠과 결합해 자동차가 지면에 접촉하는 유일한 부품이다. 소재는 주로 고무이지만 강도를 높이기 위해 섬유나 와이어 등도 사용한다. 자동차 하중을 떠받치고 구동력이나 제동력 등을 지면으로 전달할 뿐만 아니라, 노면의 충격을 줄이는 완충장치 역할도 하고 있다.

타이어와 휠 사이에 공기를 넣어야 하기 때문에 예전에는 대부분 튜브를 사용했었다. 그러나 현재는 타이어의 비드와 휠의 림을 밀착시키고 휠에 장착되어 있는 에어 밸브의 장착 구멍을 밀폐함으로써 튜브를 사용하지 않는(튜브리스) 타입이 주류를 이루게 되었다.

타이어의 규격은 폭, 내경, 편평률로 나타내며, 자동차마다 장착할 수 있는 종류가 정해져 있다. 이 밖에도 속도 기호나 하중 기호가 표시되어 있는 경우도 있다. 근래에 런 플랫 타이어라고 해서「펑크가 나도 달릴 수 있는 타이어 종류」가 시장에 나오고 있다.

한 가지는 타이어 사이드 부분을 강화해 공기가 빠져도 찌그러지지 않도록 한 타이어이다. 또 한 가지는 휠의 림 부분에 고무 등을 붙여 펑크가 났을 때 이것이 차체를 지지한다. 어느 쪽이든 가격이나 성능에 대한 개선의 여지가 있어서 보급까지는 좀 더 시간이 걸릴 것 같다.

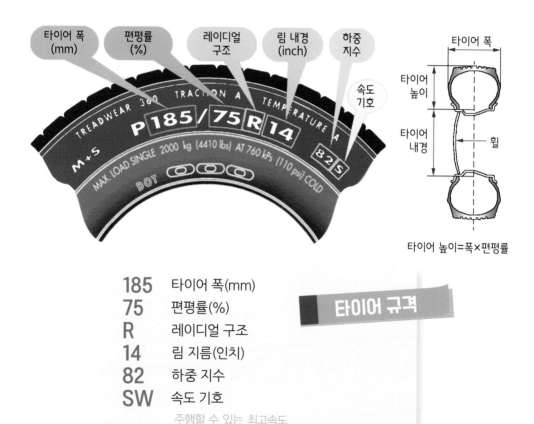

타이어 폭 (mm)
편평률 (%)
레이디얼 구조
림 내경 (inch)
하중 지수
속도 기호

타이어 폭
타이어 높이
타이어 내경
휠

타이어 높이=폭×편평률

185	타이어 폭(mm)
75	편평률(%)
R	레이디얼 구조
14	림 지름(인치)
82	하중 지수
SW	속도 기호

주행할 수 있는 최고속도

타이어 규격

▼ 속도 기호의 종류

속도 기호	L	N	Q	S	T	H	V	W	Y
최고속도(km/h)	120	140	160	180	190	210	240	270	300

8 현가 장치

자동차에는 승차감이 요구된다. 그 때문에 보디(프레임)와 타이어 · 휠 사이에 어떤 **완충 장치**가 필요하다. 타이어 속에 들어가 있는 공기도 완충 역할을 하지만, 프레임과 섀시를 연결하는 현가 장치에 그 역할을 맡기고 있다.

코일 스프링이나 판 스프링을 장착하면 노면에서 프레임으로 전달되는 충격을 줄일 수 있다. 스프링은 진동을 계속하기 때문에 이것을 억제하기 위해 쇽 업소버를 함께 사용하고 있다.

독립 현가 장치는 좌우 양쪽 바퀴가 받는 충격을 각각 독립적으로 흡수한다. **일체차축 방식 현가 장치**가 양쪽에서 동시에 충격을 받기 때문에 그런 결점을 해소한 것이다. 이 밖에도 다양한 방식의 현가 장치가 있다.

코일 스프링

차량 무게를 떠받치고 충격을 완화하는 서스펜션의 중심적인 부품이다. 철강의 소재를 사용해 만들어진 소용돌이 형상의 스프링으로서 매우 강하게 만들어진다. 하중을 비틀어서 받기 때문에 판 스프링에 비해 마찰되는 부분이 적다는 특징이 있다.

스프링의 정수나 흡수 에너지 당 중량이 작기 때문에 가볍고 완충성이 좋다고 할 수 있다. 다만 가로방향에 대한 저항력이 약해서 이것을 보조하는 기능이 필요하기 때문에 기구 전체적으로 보면 복잡해지는 단점이 있다. 노화 되었을 경우는 교환해야 한다.

쇽업소버(댐퍼)

스프링이 노면으로부터의 충격을 완화시키기는 하지만 그 특성상 상하의 진동을 동반한다. 이것을 억제하는 것이 쇽업소버의 역할이다. 구조는 오일 등을 넣은 통과 피스톤 등으로 구성되어 있다. 노면으로부터 받은 충격을 코일 스프링이 받고, 그 반동을 쇽업소버가 흡수하는(감쇠작용) 것이다. 가스나 오일 등을 넣기 때문에 뛰어난 기밀성이 요구될 뿐만 아니라, 격 렬하게 작동하기 때문에 노화를 피할 수 없는 소모품이라고 할 수 있다.

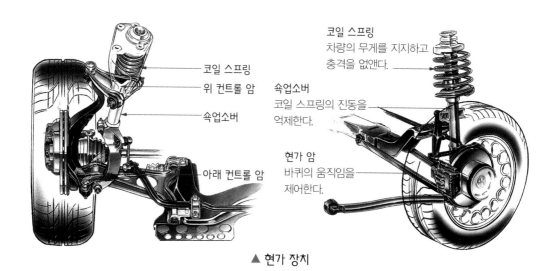

코일 스프링
위 컨트롤 암
쇽업소버
아래 컨트롤 암

코일 스프링
차량의 무게를 지지하고 충격을 없앤다.

쇽업소버
코일 스프링의 진동을 억제한다.

현가 암
바퀴의 움직임을 제어한다.

▲ 현가 장치

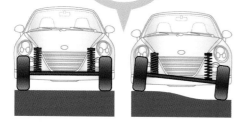

1개의 차축으로 좌우 타이어가 연결된다. 단차가 있는 노면에 서는 타이어가 충분히 접지하 지 못 한다.

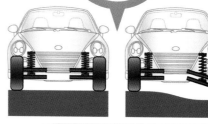

좌우 타이어가 독립되어 있기 때 문에 단차가 있는 노면에서도 타 이어가 기울지 않고 충분히 접지 할 수 있다.

▲ 현가 장치의 방식

9 변속기

엔진에서 발생한 동력은 회전운동으로 바뀌어 구동 시스템 부품으로 전달된다. 먼저 엔진에서 발생한 동력을 연결하거나 끊기 위한 장치로 자동 변속기 차량은 토크 컨버터가, 수동 변속기 차량은 클러치가 장착되어 있다.

그 이후로 FF(프런트 엔진·프런트 드라이브) 차량 같은 경우는 변속기에 디퍼렌셜 기어가 내장된 트랜스 액슬로 연결된다 (MR(미드십 엔진·리어 드라이브), RR(리어 엔진·리어 드라이브) 등도 마찬가지).

FR(프런트 엔진·리어 드라이브) 차량의 경우는 변속기로 이어진 다음 프로펠러 샤프트를 매개로 디퍼렌셜, 그리고 구동축으로 동력이 전달된다. 그 후로는 양쪽 모두 구동 바퀴로 동력이 전달되어 달리게 되는 것이다.

변속기(트랜스미션)

자동차가 출발하기 위해서는 항상 큰 힘(토크)이 필요하다. 반대로 고속으로 달리고 있을 때는 토크보다 속도를 낼 수 있어야 한다. 이 작업을 「변속」이라고 한다. 변속의 방법은 2가지가 있는데, 자동적으로 변속하는 방식을 **오토매틱 자동차**, 변속 레버를 조작하여 수동으로 변속하는 방식을 **매뉴얼 자동차**라고 한다.

트랜스 액슬

변속기와 디퍼렌셜 기어가 하나의 케이스에 조합된 장치이다. 엔진과 구동 바퀴가 가깝기 때문에 한정된 공간에 필요한 기능을 배치한 것이다.

토크 컨버터

자동 변속 차량에 채택되고 있는 유체 클러치의 일종이다. 엔진에서 만들어진 동력을 전용 오토매틱 오일을 매개로 변속기로 전달한다. 이 오일은 정기적으로 교환해야 한다. 엔진의 토크를 증폭시켜서 전달할 수 있다는 것이 특징이다. 오일을 매개로 동력을 전달하기 때문에 연결성이 부드럽지만, 동력전달 효율은 클러치 방식보다 나쁘다. 때문에 필연적으로 연비나 동력성능이 떨어지는 선천적인 약점을 안고 있다.

구동 방식의 차이

FF : 프런트 엔진·프런트 드라이브

MR : 미드십 엔진·리어 드라이브

RR : 리어 엔진·리어 드라이브

FR : 프런트 엔진·리어 드라이브

자동 변속기(AT)

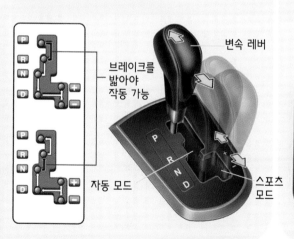

변속 레버

브레이크를 밟아야 작동 가능

자동 모드

스포츠 모드

수동 변속기(MT)

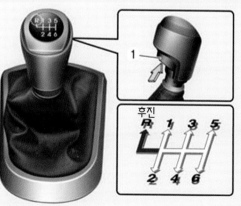

1

후진

P 주차   R 후진   N 중립   D 주행   + UP   - DOWN

10 클러치 & 디퍼렌셜 기어

클러치

일반적으로는 **건식 마찰 클러치**를 가리키기 때문에, 엔진의 동력을 변속기로 전달하기 위한 수동 변속 차량용으로 사용되는 장치라 할 수 있다. 원래는 동력을 엔진과 변속기 사이에서 전달·차단하는 장치로서 그 가운데 한 종류인 **유체 클러치**는 토크 컨버터를 포함한다.

수동 변속 자동차의 경우는 클러치 페달에서 발을 떼는 방법으로 클러치 디스크를 플라이휠에 접촉시킴으로서 엔진에서 나오는 동력을 변속기로 전달한다. 클러치 페달을 밟으면 클러치 디스크가 플라이휠에서 떨어지기 때문에 동력이 차단된다.

클러치를 끊을 때는 페달을 힘껏 밟아야 하지만, 페달에서 발을 뗄 때(클러치를 연결할 때)는 천천히 해야 한다. 왜냐면 엔진의 회전은 빠르지만 클러치 디스크는 천천히 돌기 때문에 서서히 연결해 무리 없이 회전을 맞춰야 하기 때문이다. 만약 급격하게 접속시켜 회전수를 맞추지 못하면 엔진이 멈추거나 노킹 현상이 일어난다.

클러치 디스크는 소모품이지만 외부에서는 마모상태를 확인할 수 없으므로 자동차 운행상태를 감안해 정기적으로 교환할 필요가 있다.

프로펠러 샤프트

프로펠러 샤프트는 변속기의 동력을 디퍼렌셜 기어로 전달하는 FR 차량용 장치이다. 차체의 전방에서 뒷바퀴 쪽으로, 차체 중앙 아랫부분에 장착되어 있다. 주행에 있어서는 빼놓을 수 없는 부품으로 큰 힘이 걸리기 때문에 단단한 재질을 사용한다.

주행할 때는 상하 움직임으로 인해 각도 변화가 발생하므로 여기에 대응하기 위해 접속부분에 유니버설 조인트를 사용한다. 조인트는 그리스로 보호되지만 노화되었을 경우는 기본적으로는 부품을 교환해야 한다.

디퍼렌셜 기어

차동 장치로 불리는 것으로 좌우측 바퀴의 움직임 차이를 감지하여 그 차이에 맞춰 동력을 배분하는 장치이다. 자동차가 커브를 돌 때 안쪽 바퀴와 바깥쪽 바퀴는 주행거리에 차이가 난다. 바꿔 말하면 원래는 속도에 차이(바깥쪽 바퀴가 빠르다)가 생기는 것이다.

그런데 만약 동력이 양쪽 바퀴로 똑같이 배분되면 속도에 차이가 나지 않아 미끄러지게 된다. 이래서는 안정적인 주행이 불가능하다. 그래서 양쪽 바퀴의 동력 배분을 최적화해 회전수를 조정하는 것이 이 기어의 역할이다. 기어오일을 정기적으로 교환해 장치를 보호할 필요가 있다.

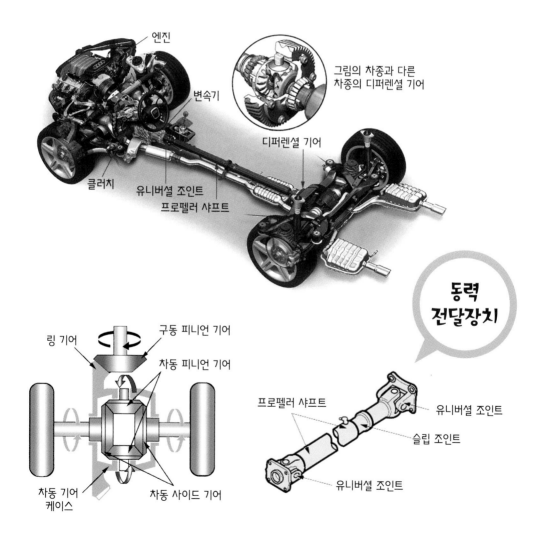

엔진

변속기

그림의 차종과 다른 차종의 디퍼렌셜 기어

디퍼렌셜 기어

클러치

유니버설 조인트

프로펠러 샤프트

링 기어

구동 피니언 기어

차동 피니언 기어

차동 기어 케이스

차동 사이드 기어

동력 전달장치

프로펠러 샤프트

유니버설 조인트

슬립 조인트

유니버설 조인트

11 발전(충전) & 시동 장치

전기 자동차나 하이브리드 자동차 등은 약간 다르지만, 내연기관으로 움직이는 자동차는 동력으로 발생시킨 전기를 대부분의 전장품에 이용한다. 사용되는 전기는 직류 12V로서, 마이너스 접지방식이 일반적이다.

발전 장치

벨트를 매개로 엔진과 연결된 발전기에서는 차내에 공급되는 전기를 발전한다.

엔진의 회전이 벨트를 통해 전달되어 발전기를 돌리는 구조이다. 일반적으로 **팬벨트** 라고 하면 이 벨트를 가리킨다.

예전에는 직류 발전기가 주류였지만, 자동차의 전기 장치가 늘어난 이유도 있어서 더 발전 효율이 높은 교류 발전기가 주류가 되었다. 발전된 전기는 교류이기 때문에 직류로 변환하는 실리콘 다이오드가 사용된다. 자동차 용어로 많이 사용하는 **제너레이터**는 발전기의 총칭이다. 발전된 전기는 자동차의 전장품에 공급되는 동시에 배터리에 충전된다. 이런 장치들은 문제가 발생하면 교환해야 한다.

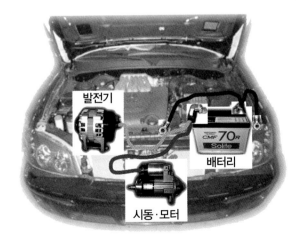

발전기

CMF 70R
Solite
배터리

시동·모터

시동 장치

자동차 시동을 걸 때는 어떤 외적인 힘을 이용해 시동을 걸어야 한다. 그 역할을 하는 것이 시동 모터이다. 최초 단계에서는 엔진이 작동하지 않고 있기 때문에 발전기도 멈추어 있는 상태이다. 그때 전기를 공급하는 것이 배터리이다.

일반적으로 배터리는 12V 납축전지를 사용한다. 종류가 매우 많아서 자동차별로 세세하게 크기·규격이 정해져 있다. 약간의 오차는 허용범위 이내인 경우도 있지만 크기가 다르면 장착하는 공간에 들어가지 않거나, 고정이 안 되거나, 배선이 미치지 못하거나, 다른 부품과 간섭을 일으키는 등의 문제가 발생한다. 또한 규격이 다르면 시동을 걸 때 전기의 공급 용량이 부족해 시동을 걸지 못하는 등의 문제가 따른다.

배터리 액은 양이나 비중을 점검해 보고 항상 적절한 상태를 유지해야 한다. 또한 배터리는 소모품이기 때문에 적당한 시기에 교환할 필요가 있다. 엔진 시동 스위치를 누르면 마그네틱 스위치가 작동하면서 시동 모터를 돌린다. 이때의 전기는 전부 배터리로부터 공급 받는다.

시동 모터는 플라이휠을 매개로 엔진의 크랭크샤프트로 이어져 있기 때문에 이것을 강제적으로 돌리면 엔진 사이클이 가동되기 시작하면서 독립적으로 작동하게 된다. 배터리나 시동모터 모두 정상적이지 않을 때는 수리가 아니라 교환해야 한다.

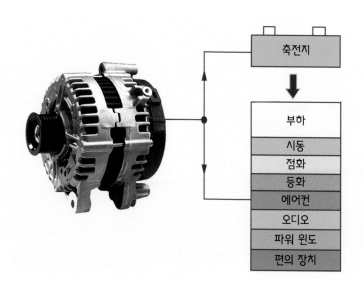

축전지

부하
시동
점화
등화
에어컨
오디오
파워 윈도
편의 장치

자동차 전기의 공급

12 점화 & 등화장치, 계기

점화 장치

가솔린 엔진에는 점화 장치가 있으며, 실제로 불꽃을 발생하는 것은 점화 플러그이다. 디젤 엔진에는 이 장치가 없다. 점화 플러그가 불꽃을 발생하려면 높은 전압이 필요하기 때문에 12V를 승압하여야 한다. 이 역할을 하는 것이 점화 코일(변압기)로 대략 1만~3만V로 높인다.

예전에는 점화 코일로부터 디스트리뷰터(기계식 배전 장치)로 점화 타이밍을 조정해 점화 플러그에서 불꽃을 발생시켰다. 이 방식은 단순한 기구이기 때문에 취급하기가 쉽지만 열이나 고속 회전에 약하고 전압 손실도 컸기 때문에 현재는 디스트리뷰터가 없는 직접점화 방식이 주류가 되었다. 직접점화는 점화 플러그마다 코일을 연결하는 방식으로서 디스트리뷰터의 결점을 보완해준다.

덧붙이자면 점화 타이밍은 캠축에 설치되어 있는 크랭크 각도 센서와 캠 위치 센서로부터 신호를 받는다(크랭크 각도 센서는 캠축에 설치되어 있는 경우도 있다).

점화 플러그는 고압의 전기를 받아 불꽃을 튀김으로써 연료와 공기를 연소시키는 부품이다. 중심 전극에는 큰 부담이 걸리기 때문에 전에는 소모품으로 다루었다. 지금은 소재가 개량되었기 때문에 장기간 교환하지 않고 사용하는 경우도 적지 않다.

조명 장치

자동차의 조명 장치는 발전기로부터 공급받는 전기로 작동한다. 헤드라이트, 브레이크등, 보조등, 미등, 실내등, 후진등, 방향지시등이 여기에 해당한다.

백열전구는 저렴한 대신에 수명이 짧아서, 최근에는 수명이 긴 LED로 바뀌는 추세이다. 헤드라이트는 전력량이 다른 자동차용 전구에 비해 크기 때문에, 성능을 높이는 방법으로 백열전구의 일종인 할로겐전구를 사용하는 경우도 많다. 하지만 헤드라이트에도 LED를 채택하는 사례가 늘어나고 있다.

헤드라이트는 적정하게 비추기 위해 광축 조정이 필요하다. 엔진이 정지되어 있을 때 조명 장치나 다른 전기 장치를 사용하면 그 전력은 배터리에서 공급 받는다.

배터리 용량은 한계가 있으며, 엔진이 정지되어 있을 때도 작동하는 부품이나 메모리 백업을 위해 전력을 공급한다. 엔진이 정지되어 않을 때 여분의 전기장치를 사용하면 배터리가 방전되면서 시동 모터를 돌릴 수 없게 된다.

계기 종류

예전에는 속도계나 적산거리계 등이 기계식으로 작동했었다. 하지만 근래에는 미터가 동작하는 신호를 전기식 센서에서 받게 되면서 미터도 디지털로 바뀌어 왔기 때문에 전기부품으로 다루어지고 있다.

이 밖에 혼(경음기), 와이퍼, 성에 제거용 열선 등과 같은 기능도 전기로 작동한다. 최근에는 많은 자동차 기능들이 전자제어 · 디지털화되면서 전기부품이 매우 많아졌다.

등화 장치

제동등/미등   방향지시등   후진등 번호등

점화 장치

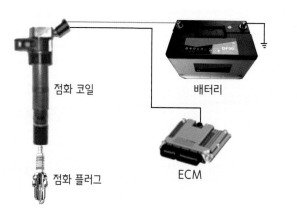

점화 코일   배터리

점화 플러그   ECM

13 엔진

자동차의 동력을 만드는 것이 원동기이다. 하이브리드 자동차나 전기 자동차와는 장치가 다르지만, 여기서는 내연기관에 대해 살펴보겠다.

엔진의 종류

엔진을 장치에 따라 분류했을 경우는 4사이클 엔진과 2사이클 엔진으로 나뉜다. 4륜 자동차는 거의 4사이클 엔진이다. 이것은 엔진 장치가 **흡기·압축·연소·배기 4단계의 사이클로 작동하기 때문에** 붙여진 이름이다.

연료에 따라 분류하는 방식도 있다. 대부분 가솔린을 연료로 사용한다. 디젤 엔진은 경유를 연료로 하는데, 가솔린 엔진보다 기구가 간단하고 저속 토크가 크다는 특징이 있다. 공기를 압축해 600℃ 정도의 고온으로 높인 다음 거기에 연료를 분사하여 자연 발화시킨다. 즉, 점화 장치가 필요 없다.

엔진 장치로 보면 가솔린 엔진과 별 차이는 없지만 가솔린이나 경유 이외의 연료를 사용하는 엔진도 있다. 대표적인 것으로는 LPG(액화석유가스, 택시 등에 많다), CNG(액화천연가스, 버스 등에 많다), 메탄올, 수소(연료전지 자동차가 아니라 수소를 직접 연료로 삼아 연소시키는 엔진) 등이다.

엔진 작동 기구

주류라 할 수 있는 4사이클 엔진은 피스톤이 내려갈 때 흡기 밸브가 열리면서 연료와 공기가 섞인 혼합기가 실린더 안의 연소실로 들어온다(흡기). 이어서 피스톤이 올라가고 밸브가 닫히면서 혼합기가 압축된다(압축). 그러면 점화 플러그가 불꽃을 발생하여 혼합기에 불이 붙어 폭발함으로써 피스톤이 밀려 내려간다(연소). 마지막에는 피스톤이 올라가고 배기 밸브가 열리면서 연소가스를 배출시킨다(배기). 이러한 일련의 움직임이 반복되는 것이다.

배기 밸브와 흡기 밸브의 개폐는 캠과 캠

축이 한다. 캠축은 크랭크축과 벨트(타이밍 벨트)로 연결되어 있어서 크랭크축 회전에 맞춰서 움직인다. 점화 타이밍은 캠축으로부터 얻는다(디젤 엔진은 제외).

일반적으로 자동차 엔진은 3기통 이상이다. 각 기통이 순서대로 작동함으로써 엔진이 계속적으로 움직이는 것이다.

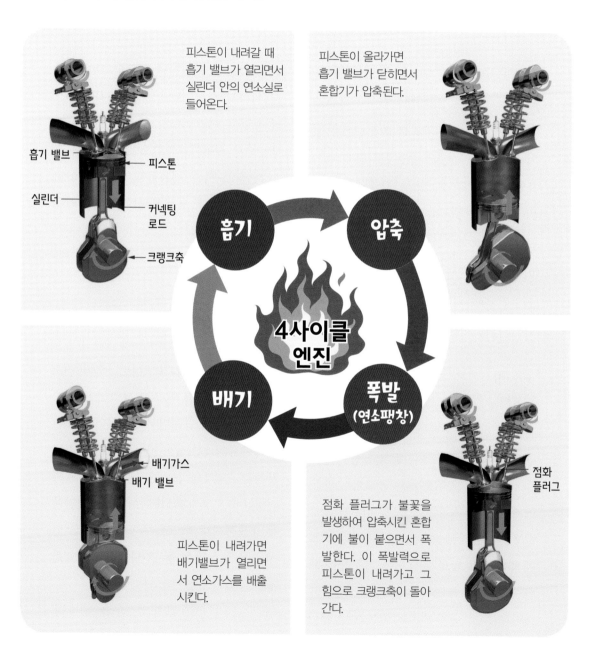

피스톤이 내려갈 때 흡기 밸브가 열리면서 실린더 안의 연소실로 들어온다.

흡기 밸브

피스톤

실린더

커넥팅 로드

크랭크축

피스톤이 올라가면 흡기 밸브가 닫히면서 혼합기가 압축된다.

흡기

압축

4사이클 엔진

배기

폭발 (연소팽창)

배기가스
배기 밸브

피스톤이 내려가면 배기밸브가 열리면서 연소가스를 배출시킨다.

점화 플러그

점화 플러그가 불꽃을 발생하여 압축시킨 혼합기에 불이 붙으면서 폭발한다. 이 폭발력으로 피스톤이 내려가고 그 힘으로 크랭크축이 돌아간다.

14 연료·윤활·냉각 장치

연료 장치

자동차의 연료는 가솔린·경유를 불문하고 대부분 뒤쪽의 바닥 아래에 탱크를 설치해 저장한다. 연료 탱크에서 연료 파이프를 통해 엔진 부근으로 공급된다. 연료의 공급은 전동으로 작동하는 연료 펌프가 주류이다.

공급되는 연료는 연료 필터를 거쳐 인젝터로 보내진다. 인젝터는 엔진의 작동상태에 알맞은 최적의 혼합기를 만들어 낸 다음에 연소실에 분사한다.

윤활 장치

엔진은 크랭크축, 캠축, 피스톤 등과 같은 부품들이 고속으로 회전하거나 상하운동을 한다. 이러한 부품들은 금속으로 만들어져 있기 때문에 작동으로 인해 마찰이 발생한다. 마찰에 의한 발열·팽창은 기계에 부담을 주기 때문에 이들 기구가 원활하게 작동하기 위해서 윤활 기능이 필요한 것이다.

윤활 기능의 핵심은 **엔진 오일**로서, 엔진 아랫부분에 있는 오일 팬에 저장된다. 엔진 오일은 오일펌프에 의해서 엔진의 각 부분으로 보낸다. 엔진 오일은 가혹한 조건 하에서 냉각, 밀봉, 세정, 완충, 방청 같은 작용을 한다. 오일 필터에 의해 여과되기는 하지만 노화로 인한 효율의 저하는 피할 수 없기 때문에 정기적인 교환이 필요하다.

냉각 장치

엔진이 작동되면 혼합기의 연소에 의해 높은 열이 발생하기 때문에 냉각이 필요하다. 엔진오일도 그런 역할을 담당하지만, 달리 별도의 장치로도 냉각을 한다.

일반적인 냉각방식은 냉각수를 이용하는 **수랭식**이다. 장치가 간단한 공랭식은 엔진에 효율적으로 바람을 유도하는 동시에, 엔진 블록에 팬을 설치하는 등의 방법을 통해 열 발산을 높여서 냉각한다.

수랭식은 라디에이터에 냉각수를 넣어 바

람으로 식힌 다음 라디에이터에서 엔진으로 냉각수를 공급한다. 도중에 서모스탯이 장착되어 있어서 엔진이 따뜻해진 이후에 냉각수가 순환을 시작한다.

냉각수는 워터 펌프로 순환시킨다. 냉각만

생각하면 불순물이 없는 물이라도 효과를 기대할 수 있지만, 겨울철의 동결이나 장치 내의 보호 차원에서 쿨런트(부동액)를 사용한다. 부동액은 노화되기 때문에 정기적인 교환이 필요하다.

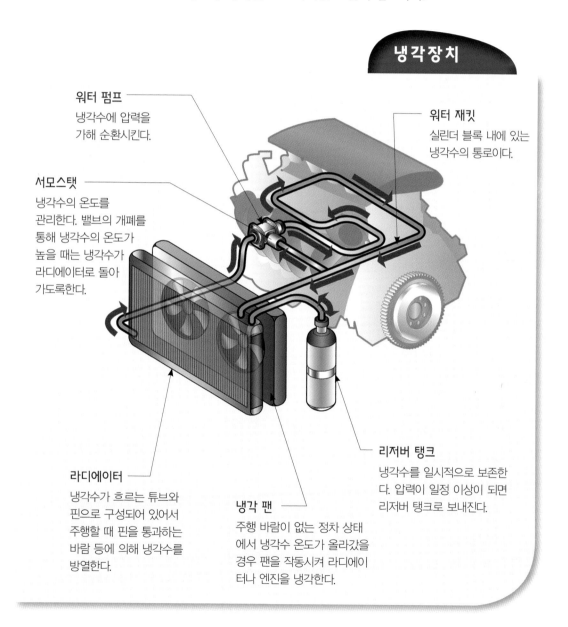

냉각장치

워터 펌프
냉각수에 압력을 가해 순환시킨다.

워터 재킷
실린더 블록 내에 있는 냉각수의 통로이다.

서모스탯
냉각수의 온도를 관리한다. 밸브의 개폐를 통해 냉각수의 온도가 높을 때는 냉각수가 라디에이터로 돌아가도록한다.

리저버 탱크
냉각수를 일시적으로 보존한다. 압력이 일정 이상이 되면 리저버 탱크로 보내진다.

라디에이터
냉각수가 흐르는 튜브와 핀으로 구성되어 있어서 주행할 때 핀을 통과하는 바람 등에 의해 냉각수를 방열한다.

냉각 팬
주행 바람이 없는 정차 상태에서 냉각수 온도가 올라갔을 경우 팬을 작동시켜 라디에이터나 엔진을 냉각한다.

15 배기·소음 장치

엔진에서 배출된 연소가스(배기가스)는 적절한 처리를 해주지 않으면 안 된다. 왜냐면 연소가스 안에는 유독 물질이나 공해의 원인이 되는 물질이 포함되어 있기 때문이다. 나아가 연소가스는 매우 고온이기 때문에 그에 대한 냉각 처리도 중요하다.

배기 매니폴드

엔진에서 나오는 배기가스를 한곳으로 모아 배기관으로 보내는 역할을 한다. 4기통 엔진이라면 4개, 6기통 엔진이라면 6개 같은 식으로, 엔진블록과 연결되어 있다. 공간적으로 여유가 있을 때는 한곳으로 모으지 않고 배기하는 편이 배기 효율 측면에서는 더 좋다. 즉 너무 빨리 한곳으로 모으면 **배기간섭**이 일어나 원활한 배기를 방해하기 때문이다. 그래서 분할 부분을 가능한 길게 만들거나, 몇 개씩 모은 다음 마지막에 한 곳으로 모으는 식으로 효율화하고 있다.

이 부품은 내열성을 요구하는데다가 제조 효율까지 고려하므로 일반적으로 주조 제품이 많다. 하지만 주철 제품은 무게가 많이 나간다. 그래서 스테인리스 배기 매니폴드를 사용하게 되었다.

배기 파이프(배기관)

배기 매니폴드로 모아진 배기가스는 머플러(소음기)로 보내지고, 그 후 대기 속으로 방출되게 된다. 그런 과정의 통로가 되는 것이 배기관이다. 이 장치는 단순히 배기가스만 지나가게 하기 위한 것은 아니다. 배기가스는 연소에 의해 발생하므로 매우 고온이다. 이것을 조금이라도 식히는 역할까지 맡고 있다. 배기 매니폴드와 마찬가지로 배기관도 개수가 많을수록 배기간섭을 방지할 수 있기 때문에 배기 효율이 좋아진다. 그래서 배기량이 큰 자동차에서는 2개로 나누어서 장착하는 경우도 있다. 배기관 중간에 소음기를 배치하는 경우도 많아서 몇 개로 분할된 것도 있다.

배기 매니폴드

배기 매니폴드 →

배기 파이프

이그조스트exhaust는 「배기」를 의미한다.

배기가스는 각 연소실에서 나와 가장 먼저 배기 매니폴드를 지나가고, 촉매를 거치면서 유해물질의 환원 처리가 이루어진 다음 배기 파이프로 들어가 온도를 낮추고 최종적으로 머플러에서 외부로 배출된다.

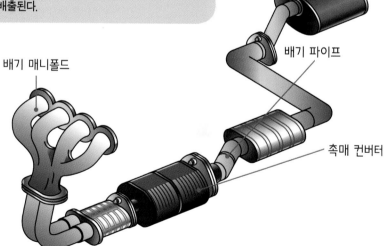

머플러

배기 파이프

배기 매니폴드

촉매 컨버터

16 머플러·배기가스 처리장치 & 터보차저

소음 장치(머플러)

연소가스는 고온($600℃$~$800℃$)이기 때문에 그대로 대기 속으로 방출하면 팽창으로 인해 큰 파열음이 일어난다. 머플러는 배기가스의 고온을 낮춤으로써 배기음을 작게 해준다.

주요 방법은 음파끼리 충돌시켜 파동을 약하게 하는 방법, 통로를 좁혀 압력의 변동을 억제시키는 방법, 공명으로 음을 줄이는 방법, 흡음재를 사용하는 방법, 냉각하는 방법 등이 있으며, 이것들을 복합적으로 이용해 배기음을 줄인다.

배기가스 처리 장치

삼원촉매는 촉매 담체에 귀금속 입자를 바르거나 또는 부착시켜 탄화수소(HC), 일산화탄소(CO), 질소산화물(NOx)을 물(H_2O), 이산화탄소(CO_2), 질소(N_2)로 분해한다.

터보차저

배기가스를 이용하는 기능 중 하나로 터보차저가 있다. 배기가스를 모아 터보차저로 보내면 이 가스는 터빈 휠을 고속으로 회전시키고, 동일 축 상의 컴프레서 휠을 같이 돌리게 된다. 이러면 흡입되는 공기를 압축해 엔진으로 보낼 수 있기 때문에 배기량을 높이는 것과 똑같은 효과를 얻는다.

배기가스를 직접적으로 처리하는 장치는 아니지만 배기가스를 이용해 파워를 높일 수 있으므로 결과적으로 연비 향상(소배기량으로 고출력)으로 이어진다.

NOx
CO
HC
O₂

N₂
CO₂
H₂O

백금 + 로듐
알루미나
촉매
단열층
배기가스 온도 센서

NOx 질소산화물 / HC 탄화수소 / CO 일산화탄소 / 촉매 / N₂ 질소 / H₂O 물 / CO₂ 이산화탄소

▲ 배기가스 처리장치의 예(삼원촉매)

터빈 휠
머플러로
공기
컴프레서 휠
인터쿨러

흡기 매니폴드
스로틀 밸브

배기가스의 압력을 이용해 공기를 흡입하는 구조이다. 고온으로 올라가거나 고출력이 나기 때문에 자동차의 강도·강성을 근본적으로 개선하는 경우도 있다.

17 섀시·보디

섀시

자동차의 골격이라 할 수 있는 기본적인 구성품이다. 자동차 외관은 보디와 섀시로 나누어지기 때문에 보디 부분을 뺀 토대가 프레임이 된다. 프레임은 엔진, 변속기, 서스펜션 같은 장치와 결합되기 때문에 강성이 충분해야 한다.

자동차의 기초적인 부분이기 때문에 똑같은 크기나 용도를 가진 차종인 경우에는 공유하는 것도 가능하다. 자동차 메이커에서는 이것을 **플랫폼**이라 하는데, 여러 종류의 차종에서 공유할 수 있도록 설계함으로써 제조 효율을 향상시키는 경우가 많다.

사고 등으로 인해 일부분이 크게 손상되었을 경우, 수리를 하더라도 원상태로 돌아오지 않으면 기능에 지장을 줄 정도로 중요한 부품이다. 다만 프레임이 일체화된 모노코크 보디의 경우는 하체 부분만 가리켜 **섀시**라고 부른다.

보디

자동차의 외관을 형성하며, 특징이 강하게 드러나는 부분이다. 비유하자면 사람이나 짐이 들어갈 수 있는 그릇이라 할 수 있다. 보디의 주요 요건으로는 유효 공간이 클 것, 거주성이 뛰어날 것, 가벼울 것, 강도가 있을 것, 안정성이 있을 것, 내구성이 있을 것, 엔진이나 노면으로부터의 진동이나 소음을 전달하지 않을 것, 외관이나 형상이 보기 좋을 것 등이 있다.

보디는 보닛, 루프, 필러, 범퍼, 펜더, 사이드 실, 도어 같은 부위로 구성되어 있다. 이것들을 볼트와 너트, 용접 등으로 결합시켜 형태를 만드는 것이다. 경량화하기 위해 강판을 얇게 만들지만 형상을 연구해 강성을 유지할 수 있게 한다. 승차한 사람을 지키기 위해 앞부분과 뒷부분이 찌그러지면서crushable zone 충격을 흡수하는 **충돌안전 보디**를 사용하는 자동차가 많아졌다. 또한 보디는 도장을 통해 외관을 보기 좋게 하는 동시에 방청역할도 한다.

64

프레임

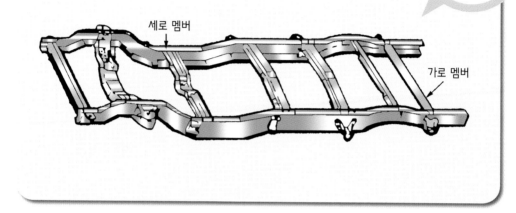

세로 멤버

가로 멤버

**보디의
주요 명칭**

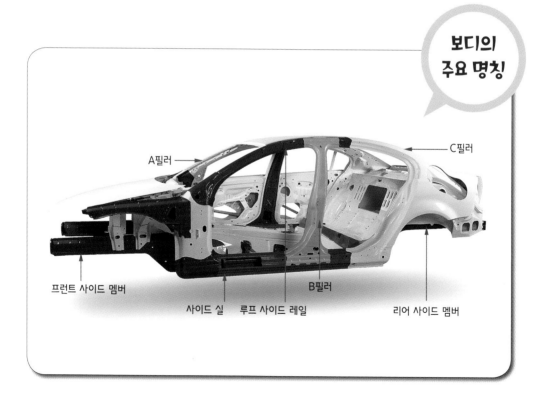

A필러

C필러

프런트 사이드 멤버

사이드 실   루프 사이드 레일   B필러   리어 사이드 멤버 엔진은 내연기관이다. 즉 실린더 안에서 연료를 태우고 그 폭발력으로 피스톤을 움직이는 것이다. 기본적으로 흡기·압축·연소·배기 4사이클로 돌아가지만 흡기와 연소, 압축과 배기를 동시에 하는 2사이클 타입도 있다. 또한 피스톤이나 실린더 수에 따라서 단기통, 2기통, 3기통, 4기통으로 부른다. 기통이 여러 개인 경우 일반적으로 세로로 배치된다.

예를 들면 6기통이 일렬로 배치되어 있으면 직렬 6기통이라고 한다. 피스톤 운동은 직선 왕복 운동이지만 자동차를 달리게 하는 것은 회전운동이다. 직선 왕복 운동을 기어나 샤프트 등을 통해 회전운동으로 바꾼 다음 동력을 구동 바퀴로 전달하는 구조로 되어 있다.

직선 왕복 운동을 부드러운 회전운동으로 바꾸려면 피스톤이 내리누르는 힘을 원 형태로 배분하는 것이 이상적이다. 직렬식은 같은 방향으로 피스톤 운동을 하기 때문에 균형을 잡기 위해 커넥팅 로드 아래에 추를 달아 대처한다. 이에 반해 실린더를 180도 가로방향으로 배치해 균형을 잡은 것이 수평대향 엔진이다. 이런 장점과 엔진의 소형화를 양립시킨 것이 V형 엔진이라고 할 수 있다. 또한 피스톤과 실린더를 없애고 회전자(로터)에 그 역할을 맡김으로써 회전운동으로 동력을 만드는데 성공한 것이 로터리 엔진이다. 각각 장점과 단점이 있지만 이처럼 엔진에는 용도에 따라 다양한 종류가 있다.

▲ 4기통 엔진

▲ V6기통 엔진

03

일반 정비

자동차 정비사는 많이 취급해본 자동차뿐만 아니
여러 종류의 자동차도 정확하게 정비해야 한다.
자동차의 고장은 상태에 따라 제각각이지만 어느 정도
의 원인은 있다. 제3장에서는 각 장치에서
대표되는 고장의 증상이나 원인, 대처 방법과 고장을
방지하는 포인트를 확인해 보도록 하겠다.

1 고장이 발생하는 원인

자동차는 완성도가 높은 기계이다. 하지만 노화나 주행할 때 받는 충격 등이 쌓이다 보면 고장이 발생할 수밖에는 없다. 물론 자동차의 정밀도는 상당한 수준까지 향상되어 있어서 고장이 일어나는 자체는 줄어들고 있다고 할 수 있다. 그러나 일단 고장이 일어나면 간단히 고치지 못하는 것도 많아서 부품이나 장치를 모두 교환해야 하는 경우도 있다. 특히 전자부품에서 그러한 경향이 강한 편이다.

예전에 많았던 고장

자동차의 기구는 물리적으로 작동하는 부품들이 많이 결합되어 있다. 전자부품이 보급되기 전까지는 거의 그런 부품으로 구성되어 있었다. 또한 설계·조립에 있어서의 정확도도 현재만큼의 높은 수준이 아니었다. 때문에 엔진에 관련해서는 오버히트를 하는 자동차가 많은 편이었다. 또한 기어가 들어가지 않는다(전환되지 않는다)든가, 엔진이 눌어붙는 등의 트러블이 발생하기도 했다.

전기 시스템의 트러블도 빈번했다. 배터리·발전기 등과 같은 부품이 충분한 성능을 발휘하지 못했던 데서도 원인을 찾을 수 있다. 하지만 이런 고장들 대부분은 정비사가 간단한 체크를 통해 원인의 규명과 수리를 할 수 있는 경우가 많았다. 일반적으로 정비사의 오감으로 대응할 수 있었던 것이다.

최근에 발생되는 고장

자동차의 고장 원인이 크게 바뀐 것은 전자제어 부품이 늘어나면서부터이다. 전자제어 부품에는 프로그램이 수반되는데, 이것은 정비사의 오감으로 확인할 수 있는 것이 아니다. 때문에 전용의 테스터 기기를 사용하여 진단할 수밖에 없는 상황이 되었다.

트러블도 기계적인 부분보다 전자제어의 에러 등에 기인하는 경우가 많아지면서 이전의 경험이 잘 통하지 않는 경우도 늘어나게 되었다. 앞으로도 이런 원인은 더 강해질 것이다. 게다가 하이브리드 자동차나 전기 자동차 등으로 대표되는 새로운 기술이 보급되면서 고장의 원인을 더 욱 복잡하게 하고 있다. 따라서 고장의 대응에 전문가인 정비사에 대한 의존도가 더 높아질 것은 분명해 보인다.

정비사의 점검모습

PC를 통한 진단, 항목

정비사의 오감을 통한 점검 정비 및 수리에 더해서 전자제어 부품을 센서나 전용 테스터 기기를 사용하여 점검 정비 및 수리를 하게 되었다.

2 고장의 진단

자동차의 트러블은 갑자기 나타난다. 그리고 트러블은 원래 징후가 있는 것도 많아서 그 점은 운전자가 가장 잘 알 수 있다. 따라서 운전자의 일상적인 점검이 그만큼 중요한 것이다. 하지만 일상 점검을 소홀히 하면 갑자기 고장이 난 것 같이 느끼게 된다. 더구나 정비사한테 가져가는 경우는 고장이 나고서 이루어지는 경우가 적지 않다.

정비사는 고장이 날 때까지의 진행되어 온 과정과 고장의 상황 등을 통해 「어떤 고장인지」를 진단한다. 더불어서 원인을 규명해 나가야 한다. 원인을 몰라도 수리 자체를 할 수 있는 경우는 많지만, 방지 대책까지 세울 수 없는 경우가 많기 때문이다.

근래에는 자동차에 아주 많은 전자제어 부품이 사용되고 있다. 이것은 컴퓨터와 마찬가지로 프로그램화 되어 움직인다. 이 프로그램의 속이 보이는 것은 아니다. 따라서 프로그램 에러 등으로 인해 발생한 고장은 전혀 사전에 징후가 없는 경우도 많을 수밖에 없다. 이런 상황에 대응하기 위해서 자동차에 자기진단 기능을 적용하게 되었다. 현재는 OBD II가 주류를 차지하고 있다.

OBD II

지금은 자동차 고장진단에 있어서 빼놓을 수 없는 OBD II는 전자제어 부품의 작동 상태나 성능 값을 수치로 확인할 수 있다.

오감을 통한 진단 #1

엔진이나 조인트 등과 같이 트러블이 발생한 부위에서는 이상한 소리가 날 때도 있다. 예를 들면「끄륵끄륵~ 거리는 벨트 소리」등이 들렸을 때는 벨트가 느슨한지 또는 노화를 의심해 볼 수 있다.

「뭔가 새고 있을 경우」는 실제로 만져 보고 오일인지 냉각수인지 또는 물인지를 파악하도록 한다. 자동차 밑 부분에 액이 유출되었을 때는 액체가 무엇인지 바로 파악하기 힘들 수는 있다.

바닥으로 들어가 유출된 부위를 파악하기 전에 새고 있는 액체를 특정하거나 상태를 파악함으로써 트러블에 대한 대응 방안을 세울 수 있는 것이다. 자동차의 액 유출은 비교적 흔한 현상이기 때문에 경험을 바탕으로 한 진단이 도움이 되는 경우도 많다.

자동차 밑 부분

액의 유출 등과 같은 트러블의 경우 자동차 밑 부분을 눈으로 확인하여 새는 부위나 액체의 종류를 추정하는 것도 유효한 방법이다.

오감을 통한 진단 #2

자동차에 사용하는 액체 가운데는 비교적 냄새가 강한 것도 있다. 대표적인 것이 엔진오일, 자동변속기 오일(토크컨버터 오일), 가솔린 같은 오일과 연료이다. 이런 냄새가 나면 유출 등을 의심해 볼 수 있다. 또한 엔진이나 배기 시스템은 고온까지 올라가기 때문에 그에 따른 일환으로 냄새가 나는 경우도 있다. 「눈는 냄새」 같은 것이 날 때는 위치를 찾아 빨리 대처할 필요가 있다.

가장 효율적인 것은 눈으로 하는 시각적 진단이다. 역시 눈으로 보면 가장 정확한 정보를 파악할 수 있다. 자동차의 기계 부분은 복잡한 구조를 하고 있어서 모든 부분에 눈길이 미치지는 못 한다. 손전등이나 거울 등을 사용해 될 수 있으면 트러블이 의심되는 부위를 눈으로 확인하도록 하자. 덧붙이자면 냉각수나 오일 종류는 독특한 미각이 있다고 하는데, 독성의 문제가 있으므로 절대로 입으로 가져가서는 안 된다.

테스터 기기를 사용한 진단

예전부터 오감으로 파악할 수 없을 때는 테스터 기기를 이용해 왔다. 예를 들면 배터리 액의 비중을 재는 비중계 같은 것이다. 이것은 **스포이트**spuit식으로서, 액을 빨아들이면 중간에 있는 **뜨개**plot가 뜨면서 비중을 나타낸다. 나중에 광학식이 등장하면서부터는 냉각수 등에도 사용할 수 있게 되었다. 테스터 기기도 진화하고 있다.

이런 기기들을 이용해 액의 노화에 따른 배터리나 냉각 장치의 이상 상태를 조사한다. 전기 계통은 전기가 통하는지를 간단히 조사할 수 있는 통전 테스터나 전류·전압·저항을 수치로 나타내는 것까지 용도에 맞게 여러 종류가 있다. 이런 기기를 통해 단선인지, 부품의 이상인지를 파악할 수 있는 것이다.

전자제어 부품을 중심으로 그에 관한 문제를 명확하게 해주는 시스템이 OBD Ⅱ이다. 자동차 쪽에 있는 **연결단자**coupler에 진단기를 꽂으면 이상한 부위를 파악하고 그 원인을 나타내 준다. 그 다음은 매뉴얼에 따라 대처하면 대개의 고장은 수리할 수가 있다.

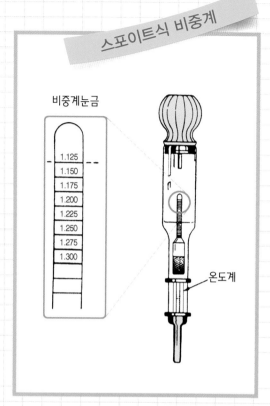

스포이트식 비중계

비중계눈금

1.125
1.150
1.175
1.200
1.225
1.250
1.275
1.300

온도계

배기가스 물질을
인간의 오감으로
판단하기는 어렵기 때문에
전용 테스터로 계측한다.

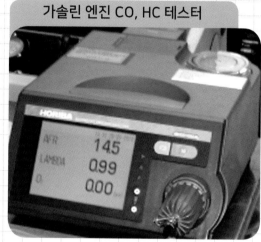

가솔린 엔진 CO, HC 테스터

광학식 비중계

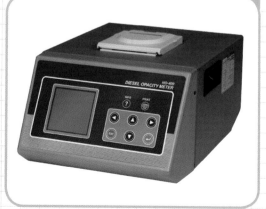

디젤 매연 테스터

3 연료 계통의 고장

연료 계통의 이상은 중대한 사고로 이어질 수 있다. 예를 들면 연료 탱크나 연료 라인에 문제가 생기면 자동차에 화재를 일으킬지도 모르기 때문이다. 그래서 이 부분의 안전성은 매우 꼼꼼하게 살펴야 한다. 반대로 말하면 그리 쉽게 고장 날 경우도 없는 것이다.

증상

일반적인 증상으로 엔진의 시동이 걸리지 않는 현상으로 나타난다. 물론 이것만으로는 연료계통의 고장이라고는 할 수 없다. 또한 연료가 유출이 있으면 엔진의 시동을 걸 때 배출가스에서 연료 냄새가 강하게 나는 경우도 있다.

원인과 대처

엔진의 시동이 걸리지 않을 경우 연료 계통이 원인이라면 전기 계통에는 이상이 없는 것이기 때문에 시동 모터는 돌아갈 것이다. 드물게는 복합적 요인일 경우도

생각할 수 있지만, 여기서는 연료 계통의 문제로만 좁히겠다. 다음으로 연료계를 확인한다. 「E」를 가리키고 있다면 연료가 없는 것이다. 긴급 서비스를 통한 통계상으로도 의외로 연료 부족인 경우가 많다. 또한 드물게는 연료계가 고장인 경우도 있다. 연료가 들어있을 경우는 연료 라인을 순번대로 점검한다. 일반적으로 연료를 보내는 펌프에 이상이 있든지, 연료를 여과하는 필터가 막힌 것이다. 라인에서 연료가 새는 경우가 없는 것은 아니지만 엔진의 시동이 걸리지 않을 정도로 대량의 연료가 새는 경우는 거의 없다.

고장 방지의 포인트

연료가 부족인 경우는 보충하면 된다. 연료 펌프는 노화 등으로 인해 교환할 필요가 있다. 연료의 압력계로 펌프의 출력을 계측해서 필요한 힘이 나오는지 어떤지를 확인한 다음, 불량한 징후가 있으면 교환하여야 한다. 여러 가지 타입이 있고 장착

하는 위치도 다양하기 때문에 차종마다 매뉴얼로 확인할 필요가 있다.

연료 필터가 막히는 경우도 있다. 하지만 오일 필터처럼 바이패스 통로가 없기 때문에 정기적인 교환으로 방지책을 세울 필요가 있다. 연료 펌프나 연료 필터 모두 운전자나 소유자가 교환의 필요성을 인식하고 있을 부품들이 아니다. 하지만 자동차의 수명이 길어지고 있는 상황에서는 정기적으로 점검하는 편이 좋다고 하겠다.

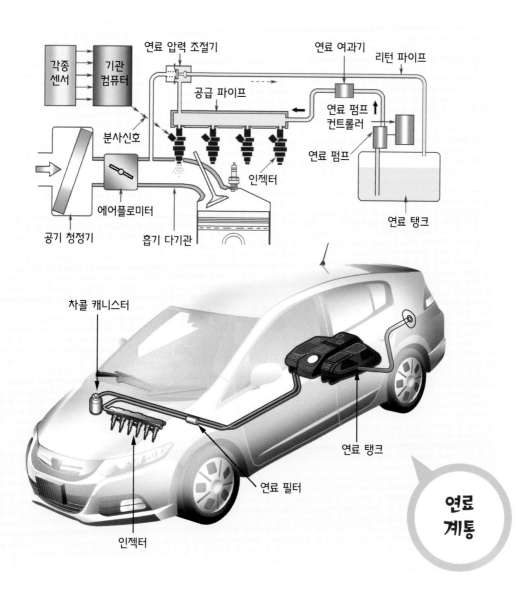

4 전기 계통의 고장

[라이트 계통]

라이트는 종류가 매우 많다. 헤드라이트(로 빔·하이 빔), 브레이크등, 차폭등, 미등, 방향지시등(깜박이), 비상등, 보조등 같이 자동차 외부에 장착된 것부터 실내등, 미터등, 조명등과 같이 실내를 비추는 것까지 다양하다.

라이트는 일반적으로 백열전구로서 지금도 많이 사용한다. 헤드라이트에는 실드 빔도 있었고 광량이 커서 인기가 많은 할로겐전구도 이런 종류이다. 라이트는 소모품이기 때문에 비교적 빈번하게 전구가 끊어진다. 특히 방향지시등이나 브레이크등과 같이 점멸하는 등이나, 헤드라이트같이 큰 전력을 사용하는 것은 교환빈도가 높았다고 할 수 있다. 그 후 헤드라이트로 **방전 방식**discharge이 적용되면서 지금도 많은 차종에 사용하고 있다. 기구는 백열전구보다 복잡하기 때문에 그에 수반되는 고장이 있다.

또한 LED는 실내등이나 미등같이 비교적 전력 소비량이 적은 라이트부터 보급되기 시작했다. 지금은 기술이 발전해 헤드라이트까지 적용되고 있다. 이 LED 라이트는 수명이 길다는 점이 특징으로, 백열전구같이 자주 끊어지지 않는다.

증상

라이트의 트러블은 기본적으로「점등이 안 되는」것이다. 드물게 배선이 탔다든가 퓨즈가 끊어지는 경우가 있기도 하다. 하지만 이런 증상도「점등이 안 되는」결과로 깨닫게 되는 것으로 잘 조사해 보았더니 그런 상태였다는 것이 일반적이다.

비교적 자주 일어나는 트러블인 대신에 좀처럼 사전에 징후가 없다는 특징이 있다. 트러블이 발생하면 전방을 보기 어렵다든가 주위 자동차에게 신호를 보낼 수 없는 등 안전과 관련된 문제로 이어지게 된다. 밖으로 노출되는 증상이기 때문에「정비 불량 차량」으로 지목되어 경찰에게 제지당하는 경우도 있다. 정기적으로 교환해야 하는 부품도 아니기 때문에 운전자에게는 약간 곤혹스러운 트러블이라고 할 수 있다.

앞부분
라이트

실내등

헤드라이트(상향)　헤드라이트(하향)　안개등　차폭등　방향지시등

뒷부분
라이트

방향지시등　제동등 및 후미등　후진등　번호등

원인과 대처

라이트가 들어오지 않으면 먼저 전구가 끊어졌는지를 확인한다. 전구의 필라멘트를 보면 알 수 있지만, 확실하지 않을 경우에는 좌우 라이트를 바꿔 끼워서 파악해도 된다. 전구가 끊어졌으면 같은 규격의 라이트로 교환한다.

방향지시등, 브레이크등, 미등, 헤드라이트와 같이 좌우 양쪽에 있는 것은 특별한 지시가 없는 한 같은 규격의 제품을 사용여야 한다. 좌우를 교체 비교할 때 끊어졌다고 판단한 라이트가 들어오거나, 점등되었던 라이트가 들어오지 않거나 하는 경우에는 배선 라인을 의심해야 한다.

일반적으로 퓨즈나 릴레이 문제이지만 자동차에 따라 관련된 퓨즈 등이 다르기 때문에 개별적으로 배선도 등을 체크해야 한다. 단선이나 결선이 풀렸을 경우도 있지만 그다지 확률은 높지 않다.

LED는 전구가 끊어지는 경우가 거의 없다. 여러 개의 소형 발광 다이오드로 구성되어 있기 때문에 그 점등 상태도 확인이 필요하다. LED나 방전식의 헤드라이트는 독자적인 배선기구 내에서 문제가 발생하는 경우도 있다. 기본적으로는 테스터나 눈으로, 배선 라인을 순서대로 체크해 나가는 것이 그나마 원인을 쉽게 찾을 수 있다.

고장 방지의 포인트

라이트는 수명이 다가오면 어두워지는 경우도 있지만 그것을 눈치 채는 경우는 거의 없다. 헤드라이트가 어두워졌을 때는 배터리나 발전기에 문제가 있는 경우도 있기 때문이다. 사전에 파악이 쉽지 않아 트러블이 일어나면 안전 등에 영향을 끼치는 라이트의 트러블은 전구와 퓨즈, 릴레이 같은 소모품을 항상 갖고 다니면서 대비하는 수밖에 없다.

거기에 간단한 테스터 기기도 상비하고 있다가 문제가 발생 시 어디에 문제가 있는지를 파악할 수 있도록 하는 것이 바람직하다. 배선 트러블은 덮개 등에 끼워져서 발생하는 경우가 많고, 결선 트러블은 일반적으로 사람의 손과 발이 움직이는 범위까지 배선이 오기 때문에 거기에 닿으면서 이음매 등이 풀려서 생기는 경우가 많은 것 같다. 전기 계통의 작업을 했을 때는 배선을 꼼꼼히 정리해 단선 등이 일어나지 않도록 하는 것이 중요하다.

백열 전구

할로겐 램프

헤드라이트
전구

고휘도(HID) 램프

LED 발광다이오드

기존의 백열전구는 수명이 짧고, 오래 사용하다 보면 유리 부분이 시커멓게 변색되면서 빛이 어두워진다. 최근의 할로겐 램프는 수명이 길고, 오래 사용해도 변색되지 않아 시계가 좋은 백색광을 발산할 수 있다.

헤드라이트 램프 탈착

할로겐 램프 점검(양호)

5 전기 계통의 고장
[기타]

내연기관을 동력으로 하고 있더라도 일반적인 전기 부품은 전기를 이용한다. 자동차는 엔진의 회전을 이용해 발전기가 돌아가고 그것이 직류 12V의 마이너스 보디 어스(접지)라고 하는 시스템을 통해 자동차 전체로 전기를 보내는 것이다. 플러스 배선은「점화」「상시 전원」「ACC 전원」으로 연결되어 엔진의 가동상태와 연동하면서 각 기기의 사용 상황에 맞춰 전기를 공급한다. 이것은 전기 부품이라면 모두 똑같은 구조를 하고 있기 때문에 트러블의 해결도 똑같은 과정으로 이루어진다.

단 전기 부품은 종류가 많고 역할도 다양하다. 게다가 전자제어 부품은 신호도 전기를 이용하기 때문에 내부가 더 복잡해지는 경향이 강하다. 그 때문에 더 전문적인 지식이 요구되며, 전용의 테스터(OBD Ⅱ) 등은 필수품이라 할 수 있다.

증상

시동 모터가 돌지 않으면 엔진의 시동이 걸리지 않는 증상이 나타난다. 이 원인은 여러 가지 요인이 있기 때문에 한 가지씩 확인해 나가야 한다. 또한 주행 중에 엔진이 멈추는 경우도 있다. 점화 계통, 흡기 계통의 문제와 더불어 전자제어 부품에 트러블이 발생하는 경우도 있다.

헤드라이트가 어둡다든가 경적 소리가 작은 경우도 전형적인 전기 계통의 트러블이라고 할 수 있다. 발전 시스템, 배터리에 문제가 있을 때 쉽게 일어나는 증상이다. 파워 윈도, 열선, 송풍 팬, 와이퍼 같은 전기 부품이 작동하지 않거나 오작동을 하는 경우도 종종 볼 수 있는 현상이다. 각각의 부품이 고장 났을 수도 있지만, 어떠한 이유로 인해 배선이 잘못되었을 수도 있다. 라이트에 비해 기구가 복잡한 것도 있고, 트러블 원인이 전기 계통에서 온 것이라고 단언할 수 없는 경우도 많다. OBD Ⅱ를 비롯한 각종 테스터를 활용하여 정확한 원인을 규명하지 않으면 근본적인 해결이 되지 않는 경우도 많은 것이다.

① 상시 전원 : 엔진 키 스위치가 들어가지 않더라도 항상 전력을 공급하기 때문에 메모리와 보안, 키 리스 엔트리 시스템 등에 사용된다.

② ACC 전원 : 액세러리 전원으로서, 엔진이 돌아가지 않아도 전력이 공급되어 오디오, 내비게이션 등의 기기를 작동시킨다.

③ START 전원 : 시동모터를 작동시키는 전원. 엔진 시동이 걸리면 시동모터로 공급되던 전원은 정지한다.

④ ON 전원 : 엔진의 시동을 걸기 전에 경고등에 전원을 공급하고 시동을 건 후에 자동차 각 부위로 전력을 공급한다.

OBD Ⅱ의 연결단자

실내 퓨즈 박스

OBD Ⅱ의
연결단자→

OBD Ⅱ를 연결하는 차량 쪽 연결단자(커넥터). 여기서 차량에 탑재한 전자기기의 상황이나 상태 정보를 수집할 수 있다.

원인과 대처

시동 모터가 돌지 않을 때는 스위치가 걸리는지 아닌지를 딸깍딸깍하는 소리로 확인한다. 시동 모터의 스위치는 전자 스위치이기 때문에 비교적 소리가 크게 나기 때문이다. 소리가 나지 않으면 배터리에 문제가 있거나 퓨즈 등이 끊어졌을 가능성이 있다. 소리는 나는데 작동은 하지 않는다면 시동 모터 본체에 문제가 있다고 생각해도 무방하다. 시동 모터의 부품에는 소모품도 많아서 노화될 수 있기 때문이다.

엔진 시동이 꺼지는 원인은 여러 가지이지만 전기 계통으로는 점화 계통과 전자제어 부품의 불량이 많다. 점화 계통일 경우는 점화 코일, 점화 플러그의 부품이나 배선의 불량을 의심해 볼 수 있다. 전자제어 부품과 관련된 부분은 OBD Ⅱ를 통해 진단하는 방법밖에 없다.

발전기는 시동 모터와 구조가 비슷하기 때문에 노화로 인한 불량을 일으킨다. 올터네이터의 경우는 정류기가 있기 때문에 이것이 고장 나는 경우도 있다. 시동 모터를 포함해 이들 부품은 기본적으로 교환하는 것이 원칙이다.

배터리는 소모품이다. 배터리 테스터로 부하시험 등을 점검해 본다. 불량인 경우는 교환해야 한다. 전기 부품은 접지의 불량일 가능성도 생각해야 한다. 올바르게 금속 부분에 접속하지 않으면 전기가 흐르지 못한다. 모터의 부품이나 스위치의 부품이 있는 기기는 노화로 인한 부품의 불량이 많다. 열선은 단선이 되었을 경우도 있다.

고장 방지의 포인트

전기 부품은 소리나 작동상태가 둔해지는 등의 증상으로 고장의 징후임을 알 수는 있지만, 원인은 다양하기 때문에 각종 테스터를 갖고 있으면 편리하다. 또한 배터리나 모터는 정기적으로 교환해 주는 것도 좋은 대처 방법이다. 모터의 종류 가운데는 재생품도 많이 사용한다. 퓨즈는 징후가 잘 나타나지 않기 때문에 트러블이 발생하면 큰 문제가 되므로 주의가 필요하다.

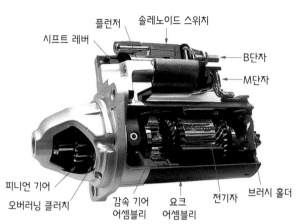

플런저　솔레노이드 스위치

시프트 레버

B단자

M단자

피니언 기어

오버러닝 클러치

감속 기어
어셈블리

요크
어셈블리

전기자

브러시 홀더

시동 모터는 키 스위치나 엔진 스타터 버튼 같은
스위치 조작을 통해 배터리의 전원으로 작동시
켜 엔진의 시동을 건다.

퓨즈 박스

▲ 엔진룸 퓨즈 박스

▲ 실내 퓨즈 박스

퓨즈는 엔진룸과 실내의 운전석이나 동승석의 퓨즈 박스에 모여 있는 경우가 많다.

6 엔진 트러블

엔진의 시동이 걸리지 않으면 먼저 연료 공급과 점화 상태를 의심해 볼 수 있다. 전자제어 방식이 보급되지 않았을 때에는 이런 문제가 아니라고 판단되면, 다음으로 엔진의 기계적인 문제를 생각했을 것이다. 하지만 인젝션이나 점화계통에 전자제어 부품이 많이 사용되면서 아무래도 기계적인 고장은 점점 줄어들었다. 또한 엔진 자체의 정밀도가 향상되면서 기계적인 트러블이 일어나지 않은 이유도 있을 것이다.

정기적인 점검과 소모성 부품만 잘 교환해 주면 엔진의 내구성이 좋아진 만큼 수명도 길어진다.

증상

가장 알기 쉬운 것은 엔진의 시동이 걸리지 않는 것이다. 이런 경우 대부분은 연료 계통, 점화 계통, 흡기 계통, 시동 계통 등의 트러블이다. 엔진의 본체에 어떤 문제가 있을 경우는 많지 않다. 하지만 주행 중에 정지되거나 파워가 나오지 않으면 더 세밀하게 조사해 볼 필요가 있다.

또한 아이들링이 불안정한 경우도 마찬가지이다. 최근의 자동차들은 그런 경우가 적지만, 특히 디젤에서는 엔진의 아이들링 상태가 나쁘다거나 멈추지 않을 것 같은 트러블도 있었다. 엔진은 많은 장치들이 서로 연결되어 있기 때문에 이들의 영향으로 인해 문제가 발생하는 경우도 많다.

엔진과 연결된 장치로는 연료 계통이나 점화 계통을 제일 먼저 떠올리지만, 다른 주요 관련 장치로 흡기 계통, 배기 계통, 냉각 계통과 같은 것들도 있다. 거기서 일어나는 문제의 내용도 전자제어 부품에 기인하는 것에서부터 기계적인 문제에 이르기까지 여러 가지에 걸쳐있다. 경험이 풍부한 정비사는 증상을 보고 가능성이 높은 원인부터 순서대로 하나씩 체크해 나가면서 원인을 찾게 되고 수리에 이르는 것이다.

엔진정지 증상에 따른 원인

증상	원인
뒤쪽으로 끌리는 듯이 엔진이 정지한다.	점화 계통 트러블 
엔진이 그륵그륵 거리다가 몇 초 후에 정지한다.	연료 계통 트러블
커브나 급경사 길의 정상에 접어들면 엔진이 정지한다.	연료 펌프 트러블
액셀러레이터 페달을 많이 밟으면 엔진이 정지한다.	연료 센서 계통 트러블 
액셀러레이터 페달에서 발을 떼면 엔진이 정지한다.	맵 센서 등 제어 계통 트러블 
엔진 룸에서 「슈~」 거리는 소리가 난다.	호스 등에서 공기가 새는 트러블 

원인과 대처

엔진의 시동이 걸리지 않을 경우 연료 라인이나 점화 계통에 문제가 없으면, 다음으로 의심해야 할 곳이 흡기 계통이다. 엔진에는 적당한 농도의 혼합기가 공급되어야 하는데 이 혼합기가 적당하지 않으면 점화가 잘 되지 않는다.

카뷰레터(자연흡기) 자동차라면 연료 또는 공기를 보내는 곳에 있는 스크루를 조작해 소리를 들으면서 조정할 수 있었다. 하지만 현재는 점화 쪽에 전자제어 부품을 사용하고 있기 때문에 OBD Ⅱ 등과 같은 테스터로 점검을 해 봐야 한다.

이상이 발견되면 관련 부품을 교환하게 된다. 엔진의 본체에서 일어나는 가장 큰 트러블은 「실린더와 피스톤이 눌어붙는 현상」이다. 즉 피스톤 링이나 실린더 같은 부품이 과열되어 팽창을 일으키면서 움직이지 않게 되는 트러블인 것이다.

이 밖에도 캠이나 밸브 등과 같은 운동 부품이 많아서 이것들이 눌어붙거나 파손되면 엔진은 상태가 나빠지면서 최악의 경우 움직이지 않게 된다. 그렇게 되면 해당 부품을 교환하든지 오버홀을 해야 한다.

엔진의 아이들링이 나쁜 것은 가연성 카본이 연소실 내에 남아 있는 등 연소실이 고온으로 올라가면서 계속해서 착화가 일어나는 상태가 되기 때문이다. 이런 현상은 엔진의 윤활이나 냉각 혹은 세정 작용 등이 제대로 안 되기 때문에 일어난다.

배기 계통이 원인인 엔진 트러블은 배기가 원활하게 이루어지지 않는 경우이다.

고장 방지의 포인트

엔진의 고장은 자동차에 미치는 충격이 매우 크다. 부담의 비용도 늘어나기 십상이다. 그렇기 때문에 일상적인 점검이나 유지 보수를 통해 미리미리 방지하는 것이 바람직하다고 할 수 있다.

특히 윤활 계통과 냉각 계통이 중요하다. 엔진 오일, 냉각수의 점검과 정기적인 교환은 필수라고 할 수 있다. 엔진이 눌어붙는 현상은 수온계, 유온계, 오일 경고등 등과 같은 계기를 통해 그 징후가 나타난다. 이상을 감지했을 때는 즉시 점검·수리하는 것이 최선책이다.

오른쪽 사진과 같이 눌어붙으면 변형이 일어나 최악의 경우는
엔진이 작동하게 않게 된다.

▲ 눌어붙은 엔진의 피스톤

7 조향 장치의 고장

조향 장치는 기계적인 고장이 많은 기구이다. 자동차를 정확하고 안전하게 또한 운전자의 뜻에 따라 방향을 전환시키는 장치이기 때문에 기어나 조인트 부분이 매우 많다. 때문에 아무래도 노화나 각기구에 걸리는 부담이 크기 때문에 트러블이 발생할 가능성도 높다고 할 수 있다.

증상

운전자에게 있어서 조향 핸들 조작은 섬세한 부분이기 때문에 비교적 위화감을 쉽게 느낄 수 있다. 자주 발생되는 증상은 핸들의 밀착성 부족, 유격, 떨림, 무거운 조작감 등이 있다.

원인과 대처

밀착성 부족(덜걱거림)은 조향 핸들을 쥐고 있으면 바로 느껴지는 감각이다. 이 증상의 대부분은 조향 핸들의 연결부위나 조향기구 각 부분의 볼트 등이 느슨하거나 조인트 부분의 마모에 기인한다.

유격은 조향 핸들을 돌렸을 때 가볍게 조작해도 조향 핸들이 움직이기는 하지만 자동차의 방향 전환에 거의 영향을 주지 않는 범위로서 좌우로 대략 25mm~35mm이다. 이것은 약간의 조작만으로 자동차가 반응하면서 지그재그로 주행하는 경우가 없도록 하기 위한 조치이다. 조향기구 각 부분의 마모나 변형이 원인으로서, 유격의 범위가 넓어지는 경우도 있다.

주행 중에 조향 핸들이 진동을 하면서 떨리는 경우가 있다. 이것은 노면에서 전달된 진동이 원인일 수도 있지만 일반적으로는 타이어 휠에 관한 트러블이 원인인 경우가 많다. 예를 들면 타이어 공기압의 과

부족, 휠 밸런스 불량, 휠 장착 너트 등의 조임 불량 등이다. 휠 얼라인먼트 불량도 원인이 될 수 있다.

조향 핸들이 가벼워지는 경우는 적지만 가벼워졌다면 타이어의 편마모나 휠 얼라인먼트의 조정 등이 불량일 가능성이 있다. 반대로 무거워진 경우는 타이어의 공기 부족 외에 파워 스티어링 기구의 고장을 생각해 볼 수 있다.

고장 방지의 포인트

조향기구 각 부분의 마모상태를 점검하는 동시에 보호용 덮개가 파손되었는지 등도 주의할 필요가 있다. 체결 부위가 느슨해진 상태나 타이어 공기압의 적정 여부, 휠 얼라인먼트 조정도 신경 써야 한다. 파워 스티어링은 이상한 소리나 오일 양이 중요하다.

8 타이어의 펑크 및 파열

타이어 자체의 구조에는 여러 가지 첨단 기술들이 적용되어 있지만, 기계적인 관점에서는 매우 단순한 부품이라고 할 수 있다. 왜냐하면 너트와 조인트, 윤활 같은 기구가 없기 때문이다. 하지만 자동차 부품 가운데서는 가장 가혹한 조건으로 사용되는 것들 가운데 하나로서 외적인 요인에 의한 고장이 적지 않다.

증상

가장 많이 발생되는 것은 펑크이다. 공기압이 떨어지면서 앞바퀴의 경우는 조향 핸들의 조작에 지장을 초래하고, 구동 바퀴의 경우는 구동력이 떨어진다. 물론 앞바퀴가 아니더라도 주행 안정성이 현저하게 떨어진다. 승차감도 나빠지기 때문에 기본적으로는 주행을 계속하지 못하게 된다.

이보다 더 큰 트러블은 **파열**burst이다. 이것은 펑크와 달리 타이어가 파열되는 것이기 때문에 갑자기 펑크와 똑같은 증상

과 문제가 발생한다. 경우에 따라서는 큰 사고로 이어지는 경우도 있다.

원인과 대처

펑크는 못이나 유리조각 같은 이물질이 타이어에 박히면서 발생한다. 도로에 떨어진 이물질을 타이어가 주행하다가 밟으면서 시작되는 것이다. 또한 공기를 넣는 밸브의 불량이 원인이 되는 경우도 있다.

파열은 타이어가 도로 가장자리에 부딪치거나, 도로 위의 이물질로 인해 타이어가 충격을 받으면서 발생하기도 한다. 또한 타이어 고무 등이 노화되었을 때도 공기압을 견디지 못하고 파열되는 경우가 있다.

고장 방지의 포인트

보통은 타이어에 박혀 있는 이물질을 제거하는 동시에, 이물질이 있을 만한 곳은 가급적 달리지 않도록 한다. 또한 타이어 상태를 일상적으로 점검하는 것도 중요하다.

어떤 상황이든지 간에 발생했을 때는 차를 안전한 장소에 정지시킨 다음 수리·교환해야 한다. 현재는 스페어타이어를 갖고 다니지 않는 차종도 많기 때문에 수리 부품을 사용하면 되지만, 파열에는 효과가 없다. 타이어 고무는 마모되고 노화되기 때문에 사이드나 홈의 균열 등도 주의해서 살펴야 한다.

TIP

주행 중에 펑크나 파열이 일어나면 생명을 위협할 위험이나 사고로 이어질 수 있기 때문에 신속하게 점검 교환하는 것이 중요하다.

펑크가 난 타이어

파열이 된 타이어

9 브레이크 계통의 고장

브레이크의 고장은 아주 큰 사고로 이어지는 경우가 많다. 만약 고장을 방치해 두면 브레이크가 듣지 않는 경우도 있기 때문이다. 따라서 브레이크 계통의 고장은 가능한 신속하게 파악하고 대처할 필요가 있다.

브레이크 라인에서 발생하는 트러블은 운전자가 징후를 알아차리지 못하고 발생하는 경우도 있지만, 소리나 브레이크 오일의 유출 등을 통해 알아차릴 수도 있다. 브레이크를 밟았을 때 이상을 느끼는 고장도 있다.

또한 근래에는 전자제어 장치를 많이 사용하고 있어서 브레이크도 예외가 아니다. ABS도 그런 장치 가운데 하나이다. 사이드(핸드) 브레이크는 비교적 간단한 기계적 기구이지만, 독특한 트러블이 일어나기 때문에 주의가 필요하다.

증상

브레이크 라인의 트러블은 브레이크의 과도한 사용으로 인해 브레이크 오일이 과열하는 등 **답력**pedal effort을 전달하는 오일에 기포가 발생하는 것이다. 이로 인해 동력이 충분히 전달되지 않아 최악의 경우는 브레이크가 듣지 않게 된다. 브레이크 오일이 새는 경우에도 똑같은 트러블이 발생한다.

브레이크 근처에서 이상한 소리가 날 때는 브레이크 패드(드럼 브레이크인 경우는 브레이크 슈)가 마모되었거나 브레이크 로터에 손상이 생겼을 때이다. 이런 상태가 되면 제동력이 떨어지게 된다. 이런 상태에서 브레이크 페달을 밟으면 위화감을 느끼게 된다. 이상하게 브레이크 페달이 가볍다든가 밟아도 제대로 듣지 않는 등의 상황이 발생할 수 있다.

브레이크 시스템 경고등과 별도로 ABS는 표시등이 있다. 브레이크 시스템의 경고등은 브레이크 오일의 감소 등과 같이

긴급한 에러를 경고하지만 ABS 경고등은
ABS의 전자제어 장치에 일어나는 에러를
나타내는 것이지 브레이크 시스템에 이상
이 있다는 의미는 아니다. 그렇다고 방치
해 두는 것은 바람직하지 않다.

베이퍼 록
현상

고속 영역에서 브레이크를 강하게 자주 밟거나 내리막길이 긴 곳에서
풋 브레이크를 과도하게 사용하면, 풋 브레이크가 과열되어 브레이크 오
일 안에서 기포가 생기면서 브레이크 패드로 힘이 충분히 전달되지 않
게 된다.

원인과 대처

브레이크 페달의 위화감은 단순히 브레이크 페달의 유격이나 느슨하게 결합된 것처럼 페달만의 문제일 수도 있다. 그럴 때는 단단히 조이거나 조정·교환으로 해결하면 된다.

브레이크 오일이 이상하게 뜨거워지면 오일이 비등하게 되면서 기포가 생긴다. 예를 들어 브레이크를 많이 사용했을 경우 등이다. 일단 발생한 기포는 자연적으로는 사라지지 않는다. 브레이크 오일 라인에서 에어를 빼내는 작업이 필요하다.

브레이크 오일이 새는 것은 실(seal)의 노화나 외부로부터의 충격으로 일어나는데, 새는 부위를 찾아내 부품을 교환하는 등의 방법으로 해결해야 한다.

브레이크 패드나 슈는 소모품이다. 따라서 마모상태를 점검하고 필요하다면 교환하도록 한다. 브레이크 디스크(로터)에 마모된 패드나 이물질이 끼면서 디스크가 마모되었을 때는 디스크를 연마해 면을 바르게 할 필요가 있다. 마찰 면은 항상 최상의 상태·최대의 면적을 확보해야 하기 때문이다. ABS는 시스템적인 에러 외에 센서 불량도 생각할 수 있다. 어찌 되었든 간에 시스템 혹은 센서를 교환하는 작업이 필요하다.

사이드(주차 또는 핸드) 브레이크는 기능이 느슨할 때가 있다. 이것은 와이어가 느슨해졌을 때의 증상으로 브레이크에 관련되는 기기의 노화 등에 따른 것이다. 조정이나 부품의 교환으로 대처하면 된다.

고장 방지의 포인트

브레이크는 소모품이기 때문에 자동차의 사용 정도에 따라 트러블이 일어나는 시기가 다르다. 따라서 일상점검이나 정기점검 때 잘 확인하는 것이 중요하다. 또한 브레이크의 작동상태를 감각적으로 기억해 두었다가 위화감이 느껴졌을 때는 빨리 대처하는 것도 좋은 방법이다. ABS, 브레이크 시스템의 표시등은 물론이고, 이상한 소리나 자동차 밑 부분에서 브레이크 오일이 새는지를 체크하는 것도 잊어서는 안 된다.

또한 주차 브레이크의 당겨지거나 밟히는 정도에도 주의가 필요하다. 제대로 작동하는 범위 내에 있어야 한다. 주차할 때는 오토차량 같은 경우는 P 위치에, 수동 변속 차량 같은 경우는 경사진 상태에 맞춰 기어를 넣어두면 트러블이 발생했을 때라도 대응이 가능하다.

디스크 브레이크

브레이크
디스크

타이어 휠
체결용 볼트

패드

드럼 브레이크

브레이크 슈

휠 실린더

브레이크 슈

브레이크 패드의 마모

브레이크 패드는 일반적으로 신품인 경우 두께가 10mm이다. 5mm까지 줄어들면 교환을 검토해야 하고, 2mm 이하라면 바로 교환하도록 한다. 또한 오래된 것은 경화되었을 수 있으므로 주의가 필요하다.

10mm
안전

5mm
주의

2mm
위험

10 바퀴 주변 부품과 기구의 고장

바퀴 주변의 부품과 기구는 제동계통을 포함해 상당히 광범위하다. 현가장치와도 밀접하게 관련되어 있기 때문에 고장은 이런 것들까지 합쳐서 생각해야 한다. 이 기구도 예전에는 기계적인 부분이 대부분이었다. 그러다가 안전성을 향상시키는 횡슬립 방지 장치나 ABS, 승차감이나 주행 성능을 좋게 하는 에어 서스펜션 등 여러 부위에 전자제어 부품을 사용하고 있다.

이로 인해 엔진, 흡기 계통, 동력전달 계통과 마찬가지로 고장이 여러 부위에 걸쳐 있는데다가 이상한 소리가 반드시 나는 것만도 아니기 때문에 감각으로 진단하기가 어렵다. 전용의 테스터를 사용한 점검이나 부품 전체를 교환하는 수리가 이루어지면서 트러블이 발생하면 그에 대한 대처 비용도 비싸지는 경향을 보인다.

증상

차축의 주변이나 동력전달 장치로 이어지는 부분은 기본적으로 조향 계통과 마찬가지로 마모 같은 노화로 인해 이상한 소리가 나거나 덜걱거리고, 내려앉는 현상이 많다. 또한 조인트 부분도 똑같은 증상이 나타나는 경우가 있다.

쇽업소버가 내려앉아 흔들림이 커지면서 승차감이 떨어지는 현상이나 현가장치 부근에서 이상한 소리가 나는 증상도 자주 볼 수 있다. 전자제어 부품이 사용되는 횡슬립 방지 장치나 ABS는 트러블이 일어나면 운전석으로 경고등이 들어온다.

다만 이럴 때 체감할 수 있는 이상상태는 거의 없다. 원래 이런 기구들은 불규칙한 상태에 대처하는 장치이기 때문에, 일반적인 주행에서는 장치의 유용성을 느끼는 경우가 없기 때문이다. 게다가 경고등이 중대한 고장이 났을 때만 들어오는 것도 아니다. 물론 방치해 두면 안 되지만, 전용의 테스터로 점검해 보지 않으면 결론이 나오지 않는다. 다만 만일에 브레이크나 핸들을 급하게 조작했을 때는 이런 장치들이 정확하게 작동하지 않는 트러블이 발생하는 경우가 있다.

ABS란 안티록 브레이크 시스템(Anti-lock Brake System)의 약칭이다. 브레이크의 ABS에 이상이 발생한 경우에 켜진다. 엔진을 시동하면 하면 약 3초간 켜졌다가 꺼진다. 3초 후에도 계속 경고등이 켜져 있으면 ABS에 이상이 있는 것이므로 점검과 정비를 받아야 한다.

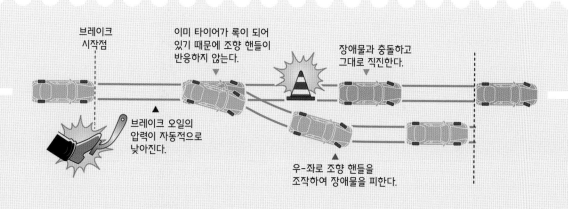

브레이크 시작점

이미 타이어가 록이 되어 있기 때문에 조향 핸들이 반응하지 않는다.

장애물과 충돌하고 그대로 직진한다.

브레이크 오일의 압력이 자동적으로 낮아진다.

우-좌로 조향 핸들을 조작하여 장애물을 피한다.

급브레이크를 걸었을 때 등 타이어가 록(회전이 멈추는 현상)되는 것을 방지하여 자동차 진행 방향의 안전성을 확보함으로서 조향 핸들의 조작으로 장애물을 피할 수 있는 가능성을 높인다.

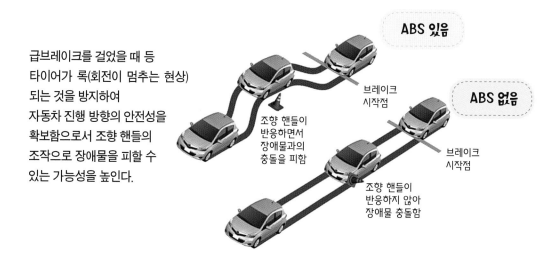

ABS 있음

ABS 없음

브레이크 시작점

브레이크 시작점

조향 핸들이 반응하면서 장애물과의 충돌을 피함

조향 핸들이 반응하지 않아 장애물 충돌함

원인과 대처

이상한 소리가 나는 부위는 눈으로 확인해 보고 볼트가 느슨하다면 다시 조여 준다. 마모가 심한 부품은 교환해야 하고 보호용 커버(부츠)가 파손되었거나 찢어졌어도 교환하도록 한다.

조인트 부분의 부츠가 파손되었으면 그리스가 새고 있을 것이므로 부츠 교환이 필요하다. 이쪽 부분은 기본적으로 조향 장치와 대처가 비슷하다. 현가 장치 가운데 쇽업소버는 반발력을 만들어 주는 오일 또는 가스가 빠지는 현상이 발생한다.

오일은 액체이기 때문에 만져보면 쉽게 알수 있지만 가스는 그렇지 않다. 보디의 쇽업소버가 장착되어 있는 주변(보닛)을 눌러서 반발력 유무를 보고 판단한다.

현가 장치는 스프링이기 때문에 기구가 단순하다. 부러지거나 하는 경우는 전혀 없다. 하지만 보디와 연결하는 부분과의 사이에 틈이 벌어지는 등의 상황이 발생하면 이상한 소리가 나는 경우도 있다. 올바른 위치에 제대로 장착하면 없어지기도 한다. 자동차를 보관하는 장소가 좋지 않으면 녹이 슬기도 한다.

고장 방지의 포인트

기계적인 부분은 기본적으로 조향 계통과 똑같다. 일상점검과 소모품의 정기적인 교환이 트러블을 사전에 막아준다.

ABS, 횡 슬립 방지 장치 같은 전자제어 부품을 사용하는 것은 경고등으로 체크하고, 전용의 테스터로 검사하는 수밖에 없다. 쇽업소버가 내려앉은 것을 방치하면 승차감이 떨어질 뿐만 아니라 커브를 돌 때 원심력을 받아 주행 안정성이 떨어진다.

본체를 통째로 교환하는 것이 기본이지만 실seal 등과 같은 부품을 바꾸고 오일 등을 다시 주입하면 원래 상태로 되돌릴 수 있는 타입도 있다. 쇽업소버 가운데는 높이 조절 기능이 내장된 것도 있다. 나사식 조정 링이나 어댑터가 사용되는데 여기에 틈이 생기거나 파손이 일어나면 차고를 올바로 조정할 수 없게 된다.

외관상으로 이상을 점검했을 때 문제가 없으면 다시 조정하거나 교환하는 식으로 대처한다.

쇽업소버

쇽업소버는 교환하고
나서 2만km 시점부터
내려앉기 시작해
10만km 주행 후에는
거의 기능을 상실한다.

쇽업소버의
교환

11 냉각수 트러블

엔진은 내연기관이기 때문에 작동을 하게 되면 고온으로 올라간다. 금속은 고온이 되면 팽창하게 되는데, 정밀한 기구인 엔진에게 치명적인 손상을 주게 된다. 그래서 냉각 시스템이 필요하다.

오토바이와 같은 경우 엔진 블록에 냉각핀을 만들어 바람에 노출함으로써 냉각시키는 방법을 쓰기도 한다. 이 공랭식은 기구가 단순하기 때문에 거의 고장이 나는 경우는 없다.

하지만 대부분의 자동차는 냉각효율을 높이기 위해 수랭식을 사용하고 있다. 수랭식의 경우는 라디에이터 냉각팬, 라디에이터, 호스, 서모스탯, 워터펌프 등과 같은 부품이 필요하다.

증상

냉각 계통이 작동하지 않으면 엔진은 짧은 시간에 오버히트를 한다. 그때 냉각수의 냄새나 주행할 때의 느낌 등으로 이상을 감지할 수 있다. 이와 동시에 수온계가 이상적으로 고온을 나타내기 때문에 이것이 결정적인 징후가 된다. 최악의 경우는 엔진이 눌어붙어 오버홀이나 교체까지 해야 할 지경에 이른다.

원인과 대처

원인은 주로 3가지이다. 한 가지는 냉각수가 순환하지 않는 경우이다. 엔진 내부에서 발생되는 **물때**incrustation 등에 의해 막히는 경우가 전혀 없지는 않지만, 주요 원인은 워터펌프나 서모스탯의 불량이다. 라디에이터 내에 이물질이 들어가면 막히는 경우도 있지만, 통로가 몇 군데나 있기 때문에 순환이 안 되는 일은 거의 없다.

두 번째는 냉각수의 유출이다. 라디에이터 코크의 손상, 비석(飛石) 등에 의한 라디에이터 코어의 파손, 라디에이터 호스의 균열, 라디에이터의 결합 부분 이상, 엔진 실링 불량 등이 원인이다.

세 번째는 라디에이터 냉각팬의 불량이다. 주로 전동 팬과 벨트 구동 팬을 사용하기 때문에 전기회로의 불량(불량 모터, 퓨즈 단락 등)이나 벨트의 트러블이 대부분이다.

고장 방지의 포인트

워터펌프나 서모스탯이 불량인 경우는 부품을 교환하면 해결된다. 냉각수 유출의 경우는 외적 요인으로 인해 손상이 크게 났을 때를 제외하고는 주차한 장소의 바닥에 냉각수가 샌 흔적이 있는지 확인해 보는 것이 좋다.

단 냉각수를 너무 많이 넣으면 리저브 탱크 등에서 배출된다. 적정량이 들어가 있는지, 평소에 대략적으로 비슷한 양을 유지하고 있는지를 주의해서 점검할 필요가 있다.

각 부품의 손상도 부품의 교환이나 수리가 가능하다. 라디에이터에 조그만 구멍이 났을 때는 유출 방지제를 사용하는 것도 방법이지만 막히거나 하는 등의 부작용도 있다는 것을 알아두자.

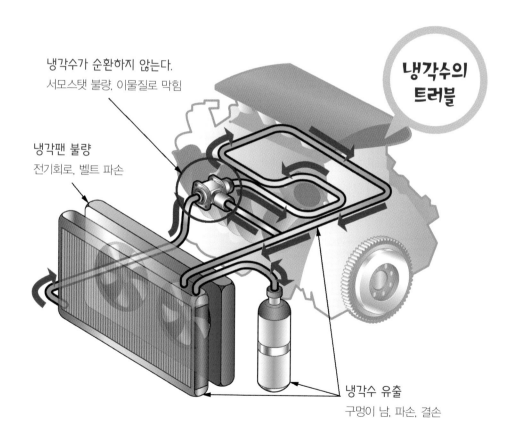

냉각수가 순환하지 않는다.
서모스탯 불량, 이물질로 막힘

냉각팬 불량
전기회로, 벨트 파손

냉각수의 트러블

냉각수 유출
구멍이 남, 파손, 결손

12 동력전달 장치의 고장

수동변속기 차량은 변속기나 클러치 등과 같이 동력전달 장치의 대부분이 기계식이어서 마모나 결손 등이 트러블의 중심에 있다. 오토매틱 차량은 자동변속기가 탑재되어 있어서 전자적으로 제어되고 기구도 복잡하다. 하지만 어떤 방식이든 변속이 원활하지 않다거나 이상한 소리가 나는 등의 징후도 많기 때문에 비교적 운전자가 이상 현상을 파악하기 쉬운 장치라고 할 수 있다.

차축, 프로펠러 샤프트, 종감속 기어 장치 등은 기계적인 트러블의 가능성이 있으며, 그 징후로 이상한 소리가 난다. 하지만 기구가 단순하기 때문에 고장은 그다지 많지 않다.

증상

변속기에 문제가 발생하면 결과적으로 변속이 안 되는 사태에 이르게 된다. 수동변속기 차량의 경우는 클러치 디스크가 소모품이기 때문에 마모가 진행되면 미끄러지면서 잘 밀착되지 않는 경우가 있다.

변속기에 트러블이 발생하면 변속이 안 될 뿐만 아니라, 동력이 구동 바퀴로 전달되지 않으면서 자동차가 달리지 못하는 위험성이 있다. 이것은 자동변속기 차량도 마찬가지이다. 더 나아가 자동변속기에 트러블이 진행되면 수동변속기 차량 이상으로 변속할 때 충격이 심해진다. 특히 N레인지 영역에서 D레인지 영역으로 넣었을 때 「탕~」하는 진동이 발생한다. 이런 상황은 아주 좋지 않으므로 빠른 시일 안에 점검·수리를 해야 한다.

또한 엔진 브레이크의 기능도 나빠진다. 3단→2단으로 넣어도 엔진 브레이크를 충분히 끌어낼 수 없다. 이것은 수동변속기 차량의 클러치가 미끄러지는 것과 똑같은 상황이다.

변속기보다 뒤쪽에 있는 동력전달 장치에서 트러블이 일어나면 동력이 제대로 구동 바퀴로 전달되지 않는 경우가 있다. 종감속 기어 장치는 트러블이 발생하면 기능을 하지 않게 되는데, 이런 경우 뒷바퀴가 끌리면서 타이어에 편마모가 발생한다.

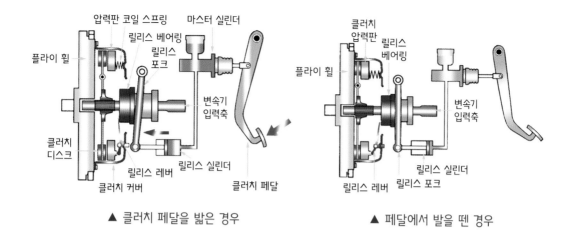

▲ 클러치 페달을 밟은 경우　　　　　▲ 페달에서 발을 뗀 경우

좌측 그림에서 클러치 페달을 밟으면 플라이휠과 클러치 디스크가 분리되어 동력이 변속기 입력축에 전달되지 않는다. 우측 그림의 클러치 페달에서 발 뗀 경우는 플라이휠, 클러치 디스크, 압력판이 밀착되어 변속기 입력축에 동력이 전달된다.

클러치 디스크의 마모

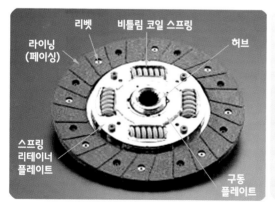

오래된 클러치(우측)는 접촉면이 마모되었기 때문에 클러치를 연결해도
플라이휠과 밀착이 되지 않는다. 동력이 전달되지 않기 때문에 교환이 필요하다.

원인과 대처

수동변속기 차량은 클러치 디스크가 닳아서 마찰력이 떨어지면 잘 밀착되지 않고 미끄러지게 된다. 따라서 클러치 디스크를 교환하면 된다. 즉 브레이크 패드나 브레이크 슈와 동일하게 교환하는 것이 해결책이다.

자동변속기는 자동변속기 오일을 매개로 동력을 전달하는데, 이 오일이 노화되면 동력전달효율이 나빠진다. 엔진 오일만큼 민감하지는 않지만 정기적인 교환이 필요하다. 다만 오랫동안 교환하지 않던 오일을 갑자기 모두 교환하면 오히려 트러블이 발생하는 경우도 있으니 주의가 필요하다.

또한 자동변속기는 각종 센서를 통해 제어되고 있으므로 해당 센서가 작동 불량을 일으킬 수도 있다. 그때는 불량 부품을 교환해야 한다.

프로펠러 샤프트 등과 같은 부품의 결손이나 조인트가 제대로 작동하지 않는 기계적인 문제는 노화나 외부로부터의 충격에 따른 것이다. 특히 조인트 부분의 보호용 커버가 파손되었을 때는 그리스가 흘러나오고 이물질이 섞이는 경우도 있다. 이럴 때는 부품 교환이나 조정이 필요하다.

고장 방지의 포인트

수동변속기 차량은 정기점검에서 클러치 디스크 상태를 반드시 확인해야 한다. 자동변속기 차량은 자동변속기 오일의 상태를 점검하는 것이 중요하다. 종감속 기어에도 기어 오일이 사용되므로 상태를 확인하고 정기적으로 교환하여야 한다. 조인트 부분의 보호용 커버에 이상이 없는지도 주의해서 점검할 필요가 있다.

그 다음은 변속할 때의 위화감이나 이상한 소리에 주의해야 한다. 이런 것들을 방치해 두면 큰 고장으로 이어져 기어 변속이 안 되거나, 최악의 경우는 주행 불능에 빠지게 된다. 동력전달 장치는 엔진, 제동 장치와 더불어 중요한 장치이다. 항상 상태를 파악해 빠르게 대처하는 것이 바람직하다.

자동 변속기 오일 (ATF)

엔진 오일과 구별하기 위해 ATF는 적색 또는 녹색으로 만든다.

종감속 기어 장치

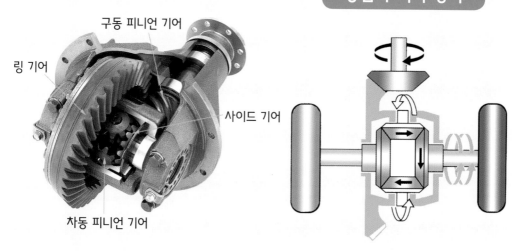

구동 피니언 기어

링 기어

사이드 기어

차동 피니언 기어

종감속 기어 오일은 3만km 주행 또는 3년을 기준으로 교환하는 것이 바람직하다.

교환방법

케이스 아랫면의 드레인 플러그를 열어 오래 된 오일을 배출시킨 다음,
측면의 필러 플러그를 통해 새 오일을 주입구 높이까지 주입하면 된다.

13 배기 계통의 고장

배기 계통은 상당히 고온까지 올라간다. 그만큼 기관에 대한 부담도 크다. 배기 계통의 고장은 주행하는데 바로 지장을 주지 않는 것도 있다. 그렇다고 간과해서는 안 되며, 문제가 계속 진행되면 사람의 생명과 관련된 중대한 사고로 이어지는 경우도 있다. 냄새가 난다거나 이상한 소리가 나는지 주의할 필요가 있다.

증상

배기 계통의 역할은 연소가스의 배출, 소음의 저감, 배기가스의 정화이다. 따라서 직접적인 증상은 소리의 이상과 배기가스의 냄새 같은 것이다. 배기가스의 유해성이 법적으로 규제하는 수치 안에 들어가지 않는 증상도 있는데, 이것은 전용의 테스터로 측정해 보아야 알 수 있는 기준치이다.

원인과 대처

스테인리스 소재의 배기관은 부식이 거의 일어나지 않지만, 강철 소재의 배기관은 부식이 발생하여 구멍이 뚫리는 경우가 있다. 또한 외부의 충격 등으로 물리적인 손상을 받는 경우도 있다. 이것은 소음기나 촉매도 마찬가지이다. 배기 계통의 부품은 자동차 바닥 쪽에 노출된 상태로 장착되어 있으므로 손상의 위험이 많다. 작은 손상이라면 수리하면 되지만 손상이 클 경우에는 부품을 교환해야 한다.

촉매는 고온으로 올라가면 손상되는 경우가 있기 때문에 배기 온도의 경고등이 달려 있다. 촉매에 트러블이 있으면 교환해야 한다. 촉매의 트러블은 배기가스를 정화할 수 없다는 의미이므로, 규정된 배기가스의 기준 값을 충족시키지 못하게 되고 그대로는 차량의 검사를 통과하지 못한다.

고장 방지의 포인트

배기 온도 표시 경고등에 주의해야 한다. 경고등이 들어오면 빠른 시일 안에 점검·수리를 하여야 있다. 또한 자동차 밑 부분에 충격이 가는 운전은 최대한 조심해야 한다. 정기점검을 할 때 자동차 밑 부분을 확인하여 배기 계통의 부품 손상이나 장착 상태를 체크하는 것이 중요하다.

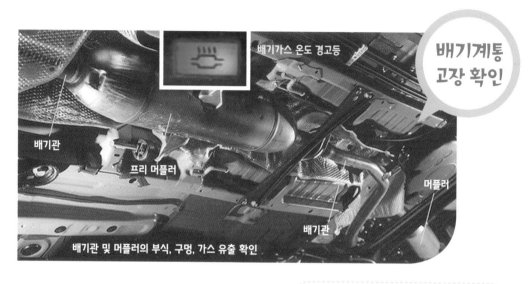

배기가스 온도 경고등

배기계통 고장 확인

배기관

프리 머플러

머플러

배기관

배기관 및 머플러의 부식, 구멍, 가스 유출 확인

자동차 밑 부분 확인

자동차 밑 부분을 확인할 때는 리프트로 들어 올려서 확인하는 것이 제일 좋지만, 여의치 않을 때는 잭으로 들어 올린 후 리지드 랙으로 받친 다음 작업 받침대를 이용하여 자동차 밑으로 들어가 확인한다.

14 유리의 손상

유리의 손상이라고 하면 주로 앞 유리에 발생한 상처나 균열이다. 예전에는 앞 유리에 부분강화유리를 사용하여서 충격을 받으면 조각조각 부서졌었다. 현재는 충격에 강한 안전유리가 주류이다. 따라서 무언가에 충격을 받았을 때 깨지는 경우는 줄어들었다.

증상

앞 유리는 항상 깨끗하게 관리하여야 한다. 이것은 운전할 때 시야의 확보가 그만큼 중요하기 때문이다. 앞 유리에 상처나 균열이 있으면 차량의 검사를 통과하지 못한다.

원인과 대처

앞 유리에 어떤 손상이 생겼을 경우는 외부에서 물리적인 힘이 가해졌다는 뜻이다. 일반적으로는 도로상에 떨어진 돌멩이 같은 것을 다른 자동차가 튕기면서 내 차에 부딪쳐 생기는 경우가 많다.

와이퍼에 이물질이 끼어 있다가 작동되면서 상처가 생기는 경우도 종종 있다. 와이퍼 블레이드가 누르는 힘이 그다지 강하지는 않지만 딱딱한 것이 끼어 있으면 상처를 줄 수는 있다.

앞 유리가 완전히 파손된 경우나 금이 많이 갔으면 교환하는 수밖에 없다. 하지만 조그만 상처 같은 경우는 수리용품으로 대처할 수도 있다. 이런 방법으로 외관을 깨끗하게 유지해야 차량의 검사 때 문제가 없다. 물론 판단은 검사원의 몫이다.

고장 방지의 포인트

외부 요인에 의한 트러블이기 때문에 기본적으로 유효한 예방책을 세우기가 어렵다. 기본적으로 파편이 날아올 수 있는 이물질이 많은 곳에서는 서행해야 하지만 돌멩이 등을 튕기는 것은 근처를 주행하는 자동차이다. 때문에 그런 장소에서는 다른 자동차와의 거리를 충분히 벌려두는 것이 좋다.

▲ 전면 강화 유리의 균열

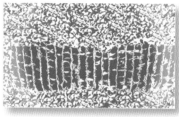
▲ 부분 강화 유리의 균열

▲ 복층 유리의 균열

유리
수리용품

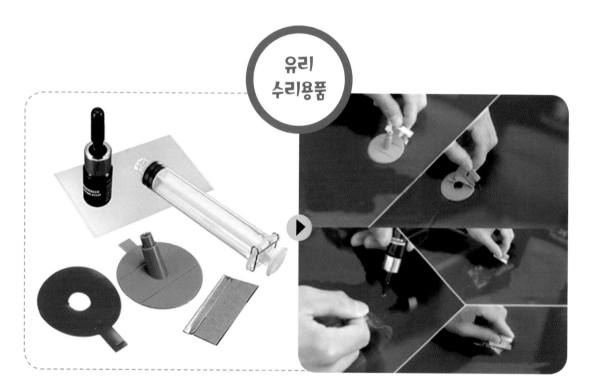

날아온 돌멩이 등으로 인해 생긴 경미한 앞 유리의 상처나 금 같은 것은 자외선에 반응해 경화되면서
투명해지는 UV 수지라는 시판용 수리 용품이 있는데, 이것을 사용해 수리하는 것이 가능하다.

자동차에 전자제어 부품이 별로 사용되지 않던 시절에는 정비사가 오감과 경험으로 고장을 진단했었다. 자동차의 고장 대부분을 소리, 냄새, 육안, 감촉 같은 것을 동원해 먼저 파악한 다음, 경험이나 지식에 비추어 판단해 왔던 것이다.

그런데 전자제어 부품이 많이 사용되면서 프로그램에 관한 부분은 오감으로는 전혀 접근할 수 없게 되었다. 예를 들면 ABS 경고등이 들어왔을 때 거기서는 아무런 소리나 냄새도 나지 않을뿐더러 눈으로 검사할 수 있는 트러블이 아무것도 없다. 손으로 만져보아도 느낄 수 없다. 경험이나 지식이 있더라도 어디가 어떻게 잘못된 것인지 파악이 되지 않는다.

그래서 자동차에 자기진단 기능이 탑재되었다. 현재는 OBDⅡ라는 규격까지 와 있는데 이것을 전용의 테스터로 연결하면 자동차의 상태가 표시된다. 경고등이 들어왔을 경우는 그 내용이 상세하게 표시되고 고장 부위가 어디인지도 파악할 수 있다. 그것을 바탕으로 매뉴얼에서 대처하는 방법을 확인한 다음 해당 부품을 교환하면 수리가 되는 방식으로 바뀌었다. 최근에는 자동차의 애프터 마켓 용품을 만드는 업체에서 이 시스템을 이용한 용품 제조에 힘을 쏟고 있다. 일반적으로 OBDⅡ에서 얻은 데이터를 모니터로 표시하는데 속도와 이동거리, 연비, 수온, 엔진 상태 등과 같은 것이 대표적인 항목이다. 레이더 탐지기와 카 내비게이션, 스마트폰 어플 등에 활용되고 있다. 새로운 기능을 이용해 자동차 생활을 더 풍부하게 하려는 시도라고 할 수 있다. 앞으로의 발전에 기대가 높다.

▲ OBD Ⅱ

04

트러블 방지를
위한 일상점검

일상적으로 점검을 하면 안전하고 편한 마음으로
자동차를 운전할 수 있다. 제4장에서는 브레이크,
타이어, 배터리, 엔진, 등화 장치, 와이퍼 같은
주요 장치에 대한 점검 항목을 한 가지씩
확인하도록 하고, 점검을 하지 않는 리스크에
대해서도 알아두도록 하자.

1 브레이크 점검

브레이크의 특징

발로 밟는 타입인 풋 브레이크는 액셀러레이터 페달을 잘못 밟는 것을 방지하기 위해 페달의 크기나 위치에 대해 많은 연구가 이루어졌다. 브레이크 페달을 밟는 방법은 운전자에 따라 다르지만 브레이크 페달을 밟는 힘을 가감하면서 밟기 때문에 느낌이나 답력(踏力) 등의 위화감을 갖기 쉬운 측면이 있다.

답력을 브레이크 패드나 슈에 전달하는 브레이크 오일에는 DOT 3나 DOT 4라고 하는 규격이 있으며, 혼합해서 사용하지 않도록 주의해야 한다. 또한 브레이크 오일은 습기를 받아들이는 성질이 강하므로 취급할 때는 주의가 필요하다.

주차 브레이크는 손으로 당기는 방식 외에 발로 밟는 방식 등 몇 가지의 타입이 있다. 주차를 할 때마다 사용하는 장치이므로 당겨지는 정도(밟히는 정도)에 이상이 있으면 비교적 쉽게 판단할 수 있는 편이다.

브레이크 점검

적절한 힘을 가해 브레이크 페달을 조작하여 의도한 대로 효과를 발휘하는지 점검한다. 또한 브레이크가 잘 듣지 않는 상태라면 어떤 고장이든지 소모품의 마모를 생각할 수 있으므로, 빠른 시일 안에 정비사에게 의뢰해 점검을 받도록 한다. 주차 브레이크가 듣지 않으면 주차 중에 움직일 위험성이 있다. 브레이크 오일의 양이나 당겨지는 정도(밟히는 정도)를 체크해 브레이크에 이상 징후가 없는지 살핀다. 브레이크는 아주 중요한 장치이기 때문에 꼼꼼하게 점검할 필요가 있다.

점검하지 않았을 때의 리스크

브레이크 페달의 밟히는 정도를 조정하지 않으면 밟아도 브레이크가 듣지 않는다든가 조금만 밟아도 급브레이크가 걸리는 등의 문제가 발생한다. 브레이크 오일의 양이 적을 때는 새는지를 의심해 보도록 한다. 또한 새지는 않아도 에어가 들어갈 수 있기 때문에 매우 위험하다. 브레이크가 잘 듣지 않는 상태라면 어떤 고장이든지 소모품의 마모를 생각할 수 있으므로, 빠른 시일 안에 정비사에게 의뢰해 점검을 받도록 한다. 주차 브레이크가 듣지 않으면 주차 중에 움직일 위험성이 있다.

브레이크 점검

점검항목	내용
브레이크 페달이 밟히는 정도	바닥에 닿지 않고 적당하게 밟았을 때 브레이크가 잘 듣는지 여부 
브레이크의 오일량	브레이크 오일이 규정량의 범위에 있는지 여부  
브레이크의 작동 상태	브레이크가 적절하게 듣는지 여부 
주차 브레이크의 당겨지는 정도	주차 브레이크는 적절히 당겨진 상태에서 잘 듣는지 여부  

2 타이어 점검

타이어의 특징

타이어의 교환 시기는 일반적으로 남아 있는 홈으로 판단한다. 그런데 요즘은 자동차의 수명이 늘어나고 있는 반면에 주행거리가 짧아지는 경향이 있다. 즉 홈의 깊이는 남아 있는데 고무가 노화되는 경우가 적지 않다는 것이다. 때문에 타이어의 점검은 고무의 노화 정도를 파악하는 데 중점을 둘 필요가 있다고 할 수 있다.

또한 타이어에는 빙판길에서도 달릴 수 있는 **스터드리스 타이어**(미끄럼방지 타이어)가 있다. 이 타이어에는 슬립 사인 외에 「플랫폼」이라고 하는 마크가 붙어 있어서, 겨울(빙판길)용 타이어로서의 사용 한계를 나타낸다.

타이어 점검

타이어는 고무제품일 뿐만 아니라 직접 지면과 맞닿기 때문에 손상이나 충격을 받기 쉬운 부품이다. 또한 연비나 승차감에도 영향을 끼친다.

점검하지 않았을 때의 리스크

노면이 말라 있으면 홈이 없는 쪽이 접지 면적이 넓어서 안전성이 높아진다. 하지만 비 등이 내려 노면이 젖어 있을 때 홈이 없으면 배수가 되지 않아 타이어가 접지하지 못하기 때문에 브레이크나 핸들 조작이 듣지 않게 되는 제어불능 상태에 빠진다.

법률로 홈의 깊이가 1.6mm로 정해져 있는 한계 수치이다. 이물질이나 손상, 균열은 파열의 원인이 된다. 타이어는 속 안에 높은 공기압을 넣고 있기 때문에 그것을 견뎌낼 수 있어야 한다.

공기압은 자동차마다 정해져 있다. 표시를 확인해 그 범위 안에서 유지하도록 한다. 시간이 지나면 공기는 자연적으로 조금씩 빠지게 된다. 공기압이 낮으면 파열의 원인이 될 뿐만 아니라 연비에도 나쁜 영향을 끼친다.

타이어 점검

점검항목	내용
타이어의 홈 깊이	홈이 1.6mm보다 짧은지, 슬립 사인이 나타났는지 여부 
이물질 부착 여부	타이어에 이물질이 붙어 있는지 여부 
표면 파손, 균열	사이드나 홈에 균열이나 파손된 곳은 없는지 여부 
공기압	공기압이 규정량 내에 있는지 여부  「타이어의 공기압」 라벨

3 배터리 점검

배터리의 특징

여기서 말하는 배터리는 자동차의 시동을 걸고 주행 중에 만들어진 전기를 저장하기 위한 납산축전지를 말한다. 따라서 하이브리드 자동차나 전기 자동차에 사용되는 리튬이온 전지 등과는 다른 것이다. 납산축전지의 원리는 별로 변하지 않았지만 전극은 많이 개량되었다.

그래서「완전 밀봉 타입」등과 같이 전해액의 비중이나 양을 체크하지 않아도 되는 것도 있다. 자동차의 발전기에 이상이 생기면 과충전 상태가 되는 경우가 있어서 전해액이 증발되기 쉬워진다. 증발된 전해액은 단자에 부착되면 녹 등이 발생하는 원인이 되어 접촉 불량으로 이어진다. 배터리는 자체적인 수명뿐만 아니라 이런 외부적인 요인으로 고장이 일어나는 경우도 있다.

배터리 점검

엔진의 시동을 거는데 필요한 중요한 부품이다. 오래 사용할 수 있는 제품이 늘어나고 있지만 기본적으로는 소모품이므로 장기간 쓰면 갑자기 충전 능력을 잃는 경우도 적지 않다. 일상적인 점검을 통해 이상이 있다고 생각되면 전용의 테스터로 부하 실험을 걸어보는 등 더 자세한 상황을 파악할 필요가 있다.

점검하지 않았을 때의 리스크

축전 능력이 떨어지면 시동 모터에 충분한 전력을 공급하지 못하게 된다. 엔진의 시동이 원활하게 걸리면 적어도 배터리는 양호한 상태라고 할 수 있다. 어떠한 이유(헤드라이트를 켜놓은 방전 등)로 방전이 되었다면 다른 배터리를 통해 전력을 공급받거나 충전기로 충전하는 식으로 회복해야 한다.

배터리는 납산축전지이기 때문에 묽은황산의 전해액으로 전극판을 화학반응 시킨다. 전극판이 배터리 액에 완전히 침투하지 않으면 원래의 파워를 발휘하지 못한다. 자동차와 연결하는 단자는 배터리 액의 영향으로 부식이 일어나는 경우가 있다. 부식된 상태로 놔두면 전기가 잘 흐르지 않거나 필요한 만큼의 전력을 공급하지 못하거나, 쇼트가 날 위험이 있다.

배터리 점검

점검항목	내용
엔진 시동이 걸리는 상태	엔진 시동이 부드럽게 걸리는지 여부  
배터리 액의 양	액량이 범위 내에 있는지 여부  
단자 상태	단자가 부식되지 않았는지 여부  

4 엔진 점검

엔진의 특징

엔진 본체는 몇 가지 부품들이 합쳐져서 만들어진다. 금속과 금속을 접합하기 위해서는 용접이 가장 확실하지만, 유지 보수를 감안하면 볼트나 너트로 결합시키는 것이 효율적이다. 때문에 접합부분을 완벽하게 밀착시키는 것은 어렵고, 실이나 패킹 등으로 밀폐하게 된다.

엔진 내부는 고압의 상태에서 격렬하게 운동하기 때문에 진동이나 마찰에도 노출된다. 당연히 실이나 패킹이 노화되고 여기서 오일, 가스, 냉각수 등이 새게 된다. 엔진의 트러블은 이런 것이 원인으로 작용하는 경우가 적지 않다. 다만 이렇게 새는 것은 각 자동차마다 차이가 있으며, 샌다는 것이 곧 수리로 이어지는 것도 아니다. 각각의 액이 줄어드는 상태나 가스 압력 등을 통해 종합적으로 판단할 필요가 있다.

엔진 점검

엔진은 자동차의 심장부이기 때문에 엔진의 컨디션이 나쁘면 원활한 주행을 기대할 수 없다. 또한 어떤 트러블이라도 발생하면 시간이나 비용도 많이 든다. 일상적인 점검을 통해 위화감이 없는지 체크하고, 문제가 있다고 느껴지면 신속하게 정비사에게 의뢰해 점검·수리를 받아서 좋은 상태를 유지해야 한다.

점검하지 않았을 때의 리스크

엔진은 복잡한 기관이기 때문에 뭔가 조금이라도 트러블이 생기면 원활하게 시동이 걸리지 않는다. 회전의 안전성과 함께 엔진의 시동이 걸리는 상태도 컨디션을 보여주는 중요한 과정이다. 엔진 내부에서 기계적인 문제가 일어나면 이상한 소리가 날 확률이 높다. 또한 트러블은 저속 주행이나 가속할 때도 나타난다. 액셀러레이터 페달을 밟아도 가속이 되지 않는다면 엔진이 정상적으로 작동하지 않고 있을 가능성이 높다.

고온으로 올라가는 엔진을 식히는 냉각수가 부족하면 최악의 경우 엔진이 눌어붙는다. 냉각수 부족은 유출 등과 같은 냉각 장치의 트러블도 생각할 수 있다. 냉각수가 너무 많으면 넘쳐서 배출된다. 냉각수는 환경에 부담을 주는 유해한 화학물질이므로 자동차 외부로 배출되는 것은 바람직하지 않다.

엔진 점검 [1]

점검항목	내용
엔진 시동이 걸리는 상태	엔진의 시동이 부드럽게 걸리는지 여부 
엔진 소리	엔진에서 이상한 소리가 나는지 여부 
엔진 회전의 안정성	엔진이 부드럽게 회전하고 있는지 여부 

엔진 점검 [2]

점검항목	내용
엔진의 저속·가속 상태	저속 주행이나 가속이 부드러운지 여부 
냉각수	냉각수가 적정하게 들어 있는지 여부 

오일 필러 캡 확인

오일 필러 캡 안쪽을 보고서도 점검할 수 있어요!
엔진 오일 주입구의 뚜껑인 오일 필러 캡 안쪽은 엔진 안쪽과 가까운 상태라 할 수 있다. 높은 위치에 있기 때문에 그다지 오염물이 묻진 않지만 만일을 위해 필러 캡 안쪽도 점검하는 것이 좋다.

특히 중고 차량은 과거의 정비 상태를 모르기 때문에 꼭 체크한다. 만약 캡 바닥에 이물질이 묻어 있다면 엔진 안이 상당히 오염되어 있다는 증거이다. 단기간에 오일을 몇 번 교환해 주거나 엔진 플러싱(flushing)을 받아 엔진 안을 깨끗이 해주어야 한다.

5 라이트 점검

라이트의 특징

라이트는 개수가 매우 많은 부품이다. 실내만 해도 룸 전구부터 시작해서 미터 전구, 표시등, 조명등이 있다. 이들 전구는 규격이 다양한 뿐만 아니라 교환을 할 때는 각 부위의 나사를 풀어야 하는 등 시간도 많이 걸린다. 때문에 수명이 긴 LED 전구를 사용하는 것이 유지 보수에 있어 자유롭다Maintenance Free.

또한 헤드라이트 등과 같이 전방을 비추는 램프의 불빛은 밝을수록 운전자의 시야가 좋아지고, 청색을 띤 흰색 빛일수록 보기에도 좋은 느낌을 준다. 하지만 너무 밝거나 과도한 청백색은 맞은편 차량을 누부시게 하는 등 안전상의 문제를 유발하기 때문에 일정한 규제가 따른다. 즉 차량의 검사를 통과하지 못할 수 있다. 순정품(자동차 메이커가 제조하는 부품)과 같은 규격의 제품을 사용하면 기본적으로는 문제가 없다.

라이트 점검

라이트는 기본적으로 장착되어 있기 때문에 정상적으로 점등하지 않으면 정비 불량 차량으로 취급받는다. 라이트의 불량은 운전자뿐만 아니라 주위 자동차, 보행자 등에게도 위험을 줄 수 있다. 요즘은 수명이 긴 LED를 많이 쓰는 추세이다, 백열전구는 수명이 짧은 소모품이다. 특히 점멸하는 라이트는 끊어지기 쉽기 때문에 일상점검을 통해 체크해야 한다.

점검하지 않았을 때의 리스크

모든 라이트에는 그에 맞는 역할이 있다. 점등되지 않는다면 그 역할을 수행하지 못하는 것이다. 또한 점등 상태가 불량한 경우는 배터리나 발전 장치에 문제가 있다고 의심해 봐야 한다. 전구가 끊어지지 않았는데 불이 들어오지 않는다면 퓨즈 끊김, 릴레이 불량, 단선 외에 다른 부위의 고장 때문인 경우도 있다.

단선은 쇼트로 이어져 최악의 경우 차량

의 화재를 일으킬 수도 있다. 라이트는 양호한데 렌즈에 금이 가 있거나 서리가 껴 있으면 충분한 효력을 발휘하지 못 한다.

수지 제품의 렌즈가 많아서 서리가 끼거나, 금이 가거나, 상처 등에 의한 트러블도 적지 않다.

라이트 점검

점검항목	내용
라이트의 점등 상태	라이트가 모두 점등되는지 여부 
라이트의 전환 상태	전환 방식 라이트 (방향지시기, 헤드라이트의 하이/로 등) 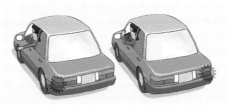
렌즈의 오염·손상	렌즈가 오염되었거나 금이 갔는지 여부 

6 워셔액·와이퍼 점검

워셔액 · 와이퍼의 특징

워셔액은 물을 사용해도 상관없지만 유리창에 세게 달라붙은 이물질을 손쉽게 제거할 수 있다는 편리성 때문에 대부분의 운전자가 시판되는 전용 워셔액(세제액)을 이용한다. 개중에는 친수성 또는 발수성 성분이 들어 있어서, 비가 내릴 때 방울져서 흘러내리거나 바람에 날아가는 것도 있다.

이런 성분이 들어가 있을 경우 성분이 다른 종류의 세제액 등을 섞게 되면 충분한 효과를 발휘하지 못하는 경우가 있다. 윈도 워셔액은 가능한 같은 타입을 이용하고, 바꿀 때는 일단 워셔액 탱크를 비우고 난 다음 세척한 후에 새로운 것을 넣는 것이 좋다. 또한 와이퍼는 고무만 교환할 수도 있지만, 블레이드 부분이 녹 등으로 노화되었을 때는 고무를 창에 밀어주는 힘이 약해져 깨끗하게 닦아내지를 못 할 수 있다. 블레이드 부분도 잘 점검하고, 일정한 시기가 지났으면 교환하도록 한다.

워셔액 · 와이퍼 점검

와이퍼는 비나 눈이 내릴 때 주행하는 경우 시야를 확보하기 위한 중요한 장치이다. 또한 먼지나 이물질이 앞 유리에 붙었을 때 이것들을 제거하는데 워셔액은 편리한 장치이다. 두 가지 모두 안전운전을 위해서 중요한 장치라고 할 수 있다.

점검하지 않았을 때의 리스크

와이퍼는 악천후일 때만 사용하므로 사용할 때가 되어서야 잘 닦이지 않는 것을 알아차리는 경우가 많다. 워셔액은 자주 사용하기 때문에 금방금방 줄어든다. 주행 중에 사용하려는데 액이 없을 경우에는 시야 확보가 안 되면서 위험한 상태에 빠질 수 있다. 악천후 상태에서의 시야 확보는 매우 중요하기 때문에 평소에 점검을 소홀히 하지 않도록 해야 한다.

워셔액·와이퍼 점검

점검항목	내용
와이퍼 작동 상황	와이퍼가 필요 범위 내에서 작동하는지 여부 
와이퍼 고무의 상태	와이퍼 고무가 노화·손상 되지 않았는지 여부 ■ 선이 생긴다. ■ 고무가 끌린다. ■ 균등하게 닦이지 않는다. ■ 와이퍼가 지나간 뒤 물기가 남아 있다. 
윈도 워셔액 양	윈도 워셔액이 충분히 들어있는지 여부 
윈도 워셔액 분사 상태	윈도 워셔액이 필요 범위 안으로 분사되는지 여부 

7 램프 교환

자동차에는 많은 라이트 종류가 장착되어 있다. 헤드라이트나 안개등은 야간이나 안개 속을 주행할 때 시야를 확보해 준다. 다른 라이트들은 보조 램프라고 해서 좌우회전을 알려주는 **방향지시등**(winker)이나 비상정지를 알리는 **비상 점멸등**(hazard lamp), 감속이나 정지를 알리는 브레이크 램프, 후진을 알리는 백 램프, 차량의 위치를 알리는 **미등**이나 **테일 램프(차폭등 또는 미등)** 등 어느 것 하나 안전운전을 위해 없어서는 안 된다.

헤드라이트의 램프는 **할로겐 램프**와 **HID 램프(크세논 램프)**, **LED 램프**의 3종류가 있다. LED 램프는 소비전력이 적어 수명이 길기 때문에 앞으로 기대를 모으고 있지만 아직 광량(光量)이 큰 것은 고가이기 때문에 사용하는 차종이 많지는 않다. 밝고 소비전력도 적기 때문에 방전을 통해 발광시키는 HID 램프도 사용하는 차종이 늘고 있지만 아직 할로겐 램프를 사용하는 차종도 많다.

할로겐 램프는 가정용 백열등과 원리가 똑같아서 필라멘트에 전기를 흘려 발광시킨다.

보조 램프에도 LED 사용이 시작되어 앞으로는 더 늘어날 가능성이 많지만, 아직 백열전구가 많이 사용되고 있다.
LED처럼 거의 램프가 끊길 염려가 없는 것도 있지만 다른 램프는 일반적으로 램프가 끊긴다. 그 때문에 한 달에 1번 정도는 점등, 점멸의 점검을 하도록 한다. 다른 사람의 도움을 받으면 간단히 점검할 수 있다. 브레이크 램프나 백 램프는 혼자서 점검하기 어렵지만 자동차 뒤쪽을 벽에 가까이 대면 벽에 비치는 모습으로 점등 상태를 체크할 수 있다. 야간에는 더 확인하기 쉽다.

헤드라이트 점등 확인

01

라이트 스위치를 1단 위치에 놓고 전후 좌우 램프가 점등되는지 점검한다. 번호판등의 점등도 확인한다.

02

헤드라이트를 점등시킨다. 먼저 평소 사용하는 로 빔의 점등을 체크한다. 좌우 라이트가 똑같은 밝기인지도 확인한다. 한 쪽이 어두울 때는 전구가 소모되었을 가능성이 높으므로 조만간 전구를 교환하도록 한다.

03

하이 빔도 마찬가지로 점검한다.

오토라이트 시스템 점검

주위가 어두워지면 자동으로 미등이나 헤드라이트가 점등되는 오토라이트 시스템을 장착한 자동차는 오토 포지션이 정확하게 작동하는지도 점검해 보는 것이 좋다.
자동으로 점등할 것으로 생각하고 있었는데 실제로는 점등되지 않으면 위험하다. 야간에 스위치를 오토 포지션에 두고 점등하는 것을 확인하면 된다.

전조등 램프 교환

▲ 엔진룸의 전조등 위치

▲ 더스트 커버

▲ 더스트 커버 분리

▲ 더스트 커버 탈거 후

▲ 커넥터 분리

▲ 램프 고정 클립 록 해제

▲ 안전 스프링 탈거

▲ 전구 탈거

▲ 탈거 후 전구 상태 점검

점등 유무 확인

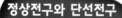

정상전구와 단선전구

정상 전구

필라멘트 단선 전구

방향지시등 램프 교환

▲ 소켓 분리

▲ 등화 케이스에서 소켓 분리

▲ 전구를 누르면서 돌린다

▲ 소켓에서 전구 분리

제동등 램프 교환

lamp

▲ 커버 고정 스크루 탈거

▲ 제동등 소켓 누르며 반시계방향으로 회전

▲ 누르면서 반시계방향으로 회전

▲ 소켓에서 전구 탈거

정상전구와 단선전구

정상 전구

필라멘트 단선 전구

점등 유무 확인

8 액체류 점검 및 보충

엔진 오일 점검

① 엔진 워밍업 상태 온도 게이지
② 시동 끈 스위치 위치
③ 시동 끈 rpm 게이지

01

자동차를 편평한 지면에 주차시킨 후 엔진이 정상 온도에 도달할 때까지 워밍업을 한 후 시동을 끈다.

02

5분 이상 경과한 상태에서 엔진 오일 게이지를 위로 잡아당겨 빼낸다.

① 엔진 룸 오일
　게이지 위치
② 오일 게이지
③ 위로 잡아당겨 빼낸다

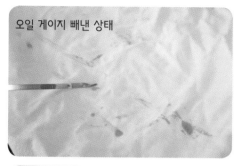

오일 게이지 빼낸 상태

▲ 닦은 후 다시 끼워 넣는다.

03

깨끗한 천으로 엔진 오일 게이지의 지시선 부분을 깨끗이 닦은 후 다시 끼워 넣는다.

▼ 오일량 확인

04

엔진 오일 게이지를 다시 뽑아 지시 선에 묻은 엔진 오일의 양을 확인한다.

05

엔진 오일량이 "F~L" 사이에 표시되면 정상이다. 만약 "L"선 이하이거나 오일량이 묻어나오지 않을 경우는 엔진 오일을 "F" 선까지 보충하여야 한다.

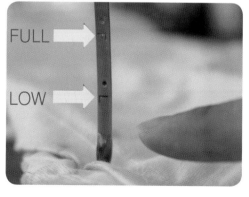

FULL ➡

LOW ➡

▲ 오일량 정상 위치

엔진 오일 보충

엔진 단면도

01

엔진 상단의 오일 필러 캡을 반시계
방향으로 돌려서 탈거한다.

▲ 오일 필러 캡 탈거

▲ 엔진 오일 보충

02

추천 엔진 오일을 조금씩 보충하고 1~2분 지난 상태에서 위의 점검 방법으로 재점검하여 오일량을 F와 L 사이에 있도록 한다.

▲ 오일 필러 캡 장착

03

보충이 끝나면 오일 필러 캡을 시계 방향으로 돌려서 장착한다.

꼭 알고가자 !!

엔진 오일 보충과 측정을 반복한다 !!

처음 보충할 때는 얼마만큼 오일을 넣어야 레벨 게이지의 눈금이 어느 정도 변화하는지 잘 모른다. 따라서 조금 넣은 다음에 게이지로 양을 확인하는 작업을 반복적으로 해서 적정량 으로 조정할 필요가 있다.

그러나 주입한 오일 전부가 오일 팬에 도달하기까지는 시간이 조금 걸린다. 1~2분 정도 기 다렸다가 측정하는 것이 가장 좋다. 너무 많이 넣으면 후속 작업이 번거로우므로 목표로 하는 오일 양보다 약간 적은듯하게 넣는 것이 무난하다. 몇 분 기다렸다가 다시 오일 양을 측정해 봐서 적정량이 들어갔는지 체크한다.

냉각수 점검

01

라디에이터 및 보조탱크의
위치 확인

▲ 보조탱크 위치

▲ 라디에이터 위치

02

라디에이터는 상부 캡을 열어
냉각수가 그 안에 가득 차 있
어야 하며, 보조탱크는 옆면에
표기된 최대 선 F 와 최소 선
L 사이에 냉각수가 있다면 정
상이다.

▲ 보조탱크의 F선과 L선 위치

냉각수 보충 [1]

– 보조탱크에 냉각수가 부족할 경우

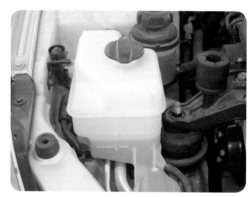

01

보조탱크에 냉각수가 부족할 경우에는 보조탱크 캡을 연다.

▲ 보조탱크 캡 탈거

02

보조탱크에 냉각수를 최대 선 F 까지 보충한다.

▲ 냉각수 보충

냉각수 관리시 주의사항

- 엔진이 뜨거울 때 라디에이터 캡을 열면 증기나 뜨거운 물이 뿜어 나와 위험하므로 냉각수 온도가 떨어진 후에 천(수건) 등으로 캡을 감싼 후 1단, 2단으로 구분하여 천천히 조심스럽게 열어야 한다.
- 냉각수량이 급격히 줄어드는 경우에는 서비스 센터 또는 서비스 협력사에서 점검 및 정비를 받아야 한다.
- 냉각수가 없는 상태로 운전 시 워터펌프의 고장 및 엔진 고착 등의 원인이 되므로 절대로 운전해서는 안된다.
- 냉각수의 부동액 농도가 60%를 초과하거나 35% 미만이 되면 냉각장치에 손상을 유발할 수 있으므로 부동액 농도를 잘 관리하여야 한다.
- 냉각수가 차체에 묻으면 페인트가 손상될 수 있으므로 깨끗한 물로 세척하여야 한다.

냉각수 보충[2]

– 보조탱크에 냉각수가 없을 경우

▲ 라디에이터 캡 탈거

01

엔진이 차가운 상태에서 라디에이터 캡을 반시계 방향으로 돌려 탈거 한다.

▲ 라디에이터 냉각수 보충

02

냉각수(물 60% : 부동액 40%)를 라디에이터 주입구까지 보충한다.

03

엔진 시동을 걸고 냉각수가 순환되면 냉각수 상태를 확인 후 부족하면 냉각수를 더 보충하고 시동을 끈다.

▲ 시동을 걸고 냉각수 순환

▲ 라디에이터 냉각수 보충

04

보충이 끝나면 라디에이터 캡을 시계방향으로 돌려 장착한다.

▲ 라디에이터 캡 장착

05

보조탱크에 냉각수를 보충한다.

▲ 보조탱크에 냉각수 보충

라디에이터 캡을 여는 방법

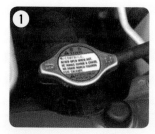

조여 있는 상태
캡 좌우의 돌기가 자동차 좌우방향을 가리키는 경우가 많다.

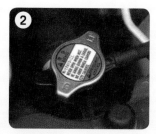

1단계 록을 해제한 상태
여기까지 캡을 돌려도 아직 캡을 분리할 수 없다.

캡을 더 돌려 2단계 록을 해제한 상태
이제는 캡을 분리할 수 있다.

브레이크 액 점검

▲ 저장 용기 위치

01

브레이크 액 저장 용기의 위치를 확인한다.

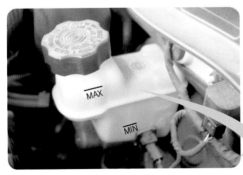

▲ 저장 용기 수준 위치

02

브레이크 액 저장 용기 옆면에 표기된 「MAX」와 「MIN」 사이에 브레이크 액 수준이 위치하는지 점검한다.

브레이크 액 수준이 「MIN」 이하로 내려가면 브레이크 액 누유 여부를 반드시 점검하여야 한다. 만약 누유가 있다면 더 이상 주행을 하지 말고 가까운 서비스 센터나 서비스 협력사에 연락하여 점검 및 정비를 받아야 한다.

03

브레이크 액 수준이 「MIN」이하이면 용기 주위를 깨끗이 닦고 캡을 반시계 방향으로 돌려서
개방하고 규정의 액을 흘리지 않도록 천천히 보충한다.

▲ 용기 캡 탈거

▲ 브레이크 액 보충

04

보충이 끝나면 캡을 시계방향으로
돌려가며 장착한다.

브레이크 액 주의사항

- 브레이크 액은 눈에 들어가면 실명할 우려가 있을 뿐 아니라, 차체의 페인트에 묻으면
  손상되므로 아주 주의해서 사용하여야 한다. 차체에 묻은 경우는 즉시 닦아낸다.

- 비 순정품 브레이크 액을 사용하거나 다른 제품과 혼용하면 브레이크 계통에 나쁜 영향을
  미치므로 사용해서는 안된다.

- 브레이크 액은 밀폐된 용기 안에 보관하여 먼지나 습기의 유입을 방지해야 한다.
  먼지나 습기가 유입되면 브레이크 계통에 손상을 주고 비정상 작동을 유발할 수 있다.
  공기 중에 오랜 시간 노출되었던 브레이크 액은 품질을 보증할 수 없으므로 사용해서는 안된다.

자동변속기 오일 점검

01

자동차를 평지에 주차한 후 주차 브레이크를 잡아당기고, 엔진 시동을 걸어 공회전 상태를 유지한다.

▲ 주차 브레이크 체결

▲ 시동 스위치 위치

▲ 엔진 공회전 상태

02

자동변속기 오일이 정상 온도에 도달하면 엔진 시동이 걸린 상태에서 브레이크 페달을 밟고, 선택 레버를 『P』 위치에서 『D』 위치까지 2~3초 간격으로 2~3회 왕복시킨 후 『N』 또는 『P』 위치에 놓아둔다.

브레이크 페달을 밟는다 ▶

▶
선택 레버 P위치에서
D위치까지 왕복

▲ N위치 또는 P위치에 놓는다

▲ 엔진은 시동이 걸린 상태

03

후드를 열고 손이나 옷가지가 여러 회전부위 및 뜨거운 부위에 닿지 않도록 조심하여 자동 변속기 오일 게이지를 뽑아 깨끗한 천으로 게이지의 지시선 부분을 깨끗이 닦은 후 제자리에 꽂는다.

▲ 오일 게이지 위치 확인

▲ 오일 게이지 탈거

▲ 오일 게이지 닦음

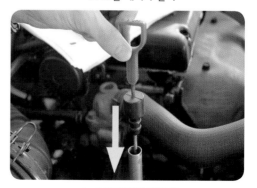

▲ 오일 게이지 재장착

▲ 오일 게이지 탈거

04

자동변속기 오일의 온도가 열간 상태에서 오일 게이지를 다시 뽑은 후 지시선 부분의 오일량을 확인하여 「HOT」 범위에 오일이 묻어 있으면 정상이다.

오일량 확인 ▶

자동변속기 오일 보충

오일이 부족하면 깔때기를 게이지 삽입 구멍에 대고 규정의 오일을 「HOT」 범위에 도달할 때까지 천천히 주입한다.

오일의 보충이 끝나면 위의 점검 방법에 의해 재점검하여 규정범위 내에 있는지 확인한다. 재점검이 끝나면 오일 레벨게이지를 원 위치시킨다.

▲ 자동변속기 보충 오일

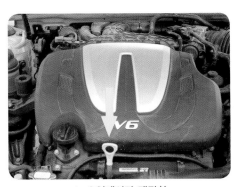

▲ 오일게이지 재장착

05

앞으로의
자동차 정비

자동차의 전자화나 IT화, 전기 자동차나
하이브리드 자동차 등 자동차도 시대에 맞춰 계속해서
진화하고 있다. 최신 기술을 아주 세세한 부분까지
적용하기까지는 상당한 시간을 필요로 한다.
제5장에서는 앞으로의 자동차 정비에
필요한 개략적인 기술을 넓고 간단하게
살펴보도록 하겠다.

1 진화하는 자동차와 요구되는 기술

변화가 적은 자동차 구조

1908년에 출시한 T형 포드가 근대적인 자동차의 서막을 열었다고 할 수 있다. 그로부터 100년이 지난 오늘날 자동차는 비약적으로 발전한 것처럼 보인다. 하지만 기본적인 장치는 그다지 변하지 않았다. 내연기관이 동력이라는 점, 변속기를 매개로 해서 구동 바퀴로 동력이 전달되는 자동차 시스템 자체는 전혀 바뀐 것이 없다. 또한 와이퍼, 헤드라이트 같은 부품도 원리 자체는 1908년 당시와 똑같다.

급격하게 진화 중인 IT 관련 기술

기본적인 주행 시스템은 변하지 않았지만 전자제어나 IT와 관련된 분야는 크게 진화해 왔다. 전자제어에 의한 연료분사 장치나 서스펜션 조정, ABS·횡슬립 방지 장치 같은 시스템이 속속 개발되어 많은 자동차에 탑재되고 있다. 또한 내비게이션 시스템이나 ETC 등도 널리 보급되었다.

지금은 스마트폰 등 통신 시스템을 매개로 IoT에도 대응하고 있다.

안전과 환경

현재 자동차 기술 가운데 많은 주목을 받는 것은 안전과 환경 분야이다. 자동차에는 교통사고 등과 같이 인명과 관련된 문제가 같이 존재한다. 또한 제조할 때, 사용할 때, 폐차할 때처럼 어떤 상황이든지 간에 환경부하가 적지 않다. 편리한 도구이자 이미 인류의 생활에서 빼놓을 수 없는 제품으로 보급되어 있는 만큼, 이런 문제의 해결은 최우선 과제라 할 수 있다.

▲ T형 포드

▲ 포드 A형 핫로드

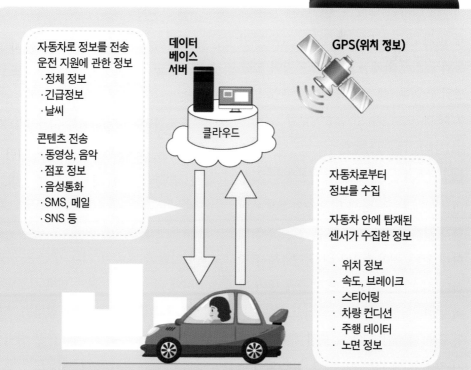

자동차와 IoT

자동차로 정보를 전송
운전 지원에 관한 정보
 ·정체 정보
 ·긴급정보
 ·날씨

콘텐츠 전송
 ·동영상, 음악
 ·점포 정보
 ·음성통화
 ·SMS, 메일
 ·SNS 등

데이터
베이스
서버

클라우드

GPS(위치 정보)

자동차로부터
정보를 수집

자동차 안에 탑재된
센서가 수집한 정보

 · 위치 정보
 · 속도, 브레이크
 · 스티어링
 · 차량 컨디션
 · 주행 데이터
 · 노면 정보

2 하이브리드 자동차의 정비

하이브리드 자동차란?

원래 하이브리드란 2개 이상의 동력원을 가지고 있는 것을 말하며, 현재 시판되고 있는 하이브리드 자동차의 주류인 「전기 모터와 내연기관」에 한정된 것은 아니다. 또한 병렬 방식이나 직렬 방식, 스플릿 방식처럼 다양한 종류의 시스템이 있고 제 각각 특징이 다르다. 여기서는 시판 하이브리드 자동차에서 많이 채택하고 있는 방식을 중심으로 살펴보겠다.

하이브리드 자동차 (전기 모터 & 내연기관)의 특징

내연기관의 단독 동력이 아니라 전기 모터를 장착하고 있다는 점이 가장 큰 특징이다. 스플릿(동력 분할) 방식은 이 두 가지를 필요에 따라 전환하면서 구동 바퀴를 움직인다.

이 전기 모터는 고성능 축전지로 가동되기 때문에 충전은 내연기관과 타성 주행(제동)을 할 때 전기 모터를 발전기로 삼는 식으로 이루어진다. 병렬 방식은 2가지 동력이 같이 구동 바퀴를 움직인다. 직렬 방식은 전기 모터로 구동 바퀴를 움직이고 내연기관은 전기 모터의 전력 공급용 발전기로서 사용한다.

정비 포인트

전기 모터와 그 전력을 공급하는 고성능 축전지 및 발전 시스템은 내연기관 단독의 자동차와 크게 다르다. 또한 방식에 따라서 동력 전달이나 구동 시스템도 바뀐다. 전기 계통의 회로는 전용의 테스터가 아니면 점검이 안 된다. 각종 센서가 많이 사용되고 있기 때문에 작동 상황도 테스터로 점검할 필요가 있다.

내연기관을 포함한 기타 부분은 기존의 정비와 비슷하지만 전기 모터 시스템에는 고전압(최대 600V 정도)이 걸리는 부분도 있기 때문에 전문 지식을 가진 정비사가 아니면 점검·정비를 하는 것은 어렵다고 할 수 있다.

▲ 쏘나타 하이브리드

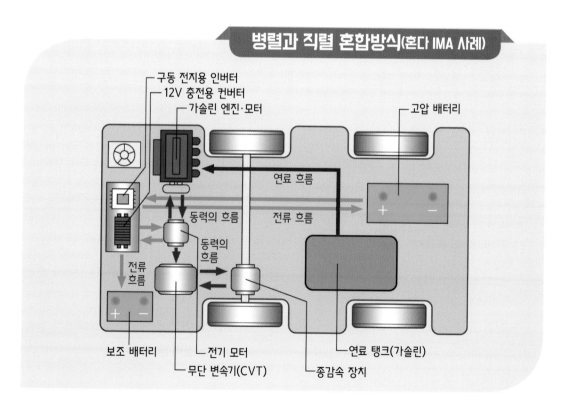

병렬과 직렬 혼합방식(혼다 IMA 사례)

구동 전지용 인버터
12V 충전용 컨버터
가솔린 엔진·모터
고압 배터리

연료 흐름

동력의 흐름
전류 흐름

동력의 흐름

전류 흐름

보조 배터리
전기 모터
무단 변속기(CVT)
연료 탱크(가솔린)
종감속 장치

3 전기 자동차의 정비

전기 자동차란?

전기의 힘으로 동력 장치를 움직여 주행하는 자동차를 가리킨다. 전차나 노면 전차 등도 전기 모터로 구동력을 얻지만, 외부의 전기선 등을 통해 전기를 공급받는다는 것이 다른 점이다. 기본적으로 전기 자동차(EV)는 도로 쪽에 전기선과 같은 인프라가 없다는 것이 전제이다. 따라서 다른 방법으로 전기를 공급받아야 하는데 그래서 사용하는 것이 배터리이다.

유원지나 골프장 등에서는 상당히 오래전부터 배터리 카를 사용해 왔다. 하지만 내연기관으로 일반 도로를 달리는 자동차와는 상당한 성능의 차이가 있었다. 최대 약점은 배터리 성능과 전력 공급 시스템이다. 내연기관으로 발전하거나 연료 전지를 사용하는 타입 등도 있지만 현재 보급되어 있는 것은 전력 공급 시설(가정을 포함)에서 충전하는 타입이 주류를 이룬다.

EV자동차 구조

전력 공급 시설로부터 충전된 전기는 변속기에 직류로 저장된다. 그로부터 인버터를 통해 교류로 변환된 다음 모터로 보내진다. 배기가스가 없기 때문에 배기 장치가 필요 없다.

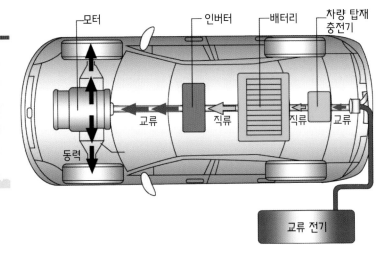

모터　　인버터　　배터리　　차량 탑재 충전기

교류　　직류　　직류　　교류

동력

교류 전기

전기 자동차의 특징

배터리로 전력을 공급하고 전기 모터를 움직여 구동력을 얻는 전기 자동차는 전기 모터가 동력인 셈이다. 내연기관과 관련된 흡기, 배기, 냉각 시스템 등이 전혀 탑재되어 있지 않은 완전한 전기 제품이어서 내연기관의 지식이 필요 없다. 또한 전기 공급량으로 힘을 조정할 수 있기 때문에 변속기 등과 같은 시스템도 필요 없다. 전기 자동차 정비의 비슷한 사례를 들자면 철도 차량 정비에 가깝다고 할 수 있겠다.

정비 포인트

12V·24V의 직류를 중심으로 한 지식뿐만 아니라 전기 전반(全般)에 관한 폭넓은 지식이 필요하다. 점검이나 고장 진단은 전용의 테스터가 필수이다. 동력 부분은 대부분 전자적으로 제어되고 있기 때문에 수리는 조정보다도 부품 교환을 위주로 이루어진다. 변속기를 제외한 주행 장치나 현가 장치 등은 내연기관 자동차와 크게 다르지 않다. 흡입 압력 등과 같은 공기압으로 작동했던 부품은 물론이고 가동하는 부품 대부분이 전기로 움직이도록 바뀌고 있다.

▲ i-MiEV와 전력 공급 시설

대체연료 내연기관이란?

기본적으로는 가솔린·디젤은 사용하는 내연기관과 같은 구조의 동력 기관이다. 가스 연료를 사용한다면 각각의 특징에 맞춰서 가스탱크, 가스 믹서, 가스 인젝션 등과 같은 전용의 부품을 이용하여 기존의 엔진을 바탕으로 개조하면, 비교적 쉽게 전용이 가능하다.

연료는 가솔린이나 경유 대신에 액화석유가스, 천연가스, 알코올, 수소 등을 사용한다. 이 연료들은 제각각 약간의 차이가 있지만 일반적으로 원유를 정제하는 연료의 대체품으로 개발되었다.

개발의 이유는 원유를 정제하는 원료보다 가격을 낮추려고 했고, 보다 환경 친화적(NOx, PM 등이 조금 배출된다)이라는 이유 때문이었다. 원유를 정제하는 연료는 배기가스에 유독물 등이 포함되므로 환경부하가 크지만 가스 연료는 연소가 더 완전하기 때문에 배기가스가 깨끗하다.

하지만 연소를 하는 이상 CO_2(이산화탄소, 지구온난화 가스) 배출은 피할 수 없다(수소연료 엔진 제외). 또한 어떤 연료든지 간에 연료 공급을 위한 인프라 구축이 취약점으로 자리하고 있다.

▲ 대체연료 자동차 [쏘나타 LPI]

LPG

액화석유가스로서 일부는 원유의 정제 과정에서도 생산된다. 국내에서는 예전부터 택시용 차량의 연료로 보급해 왔다.

CNG(LNG)

CNG는 천연가스이고, LNG는 그것을 액화한 것이다. 버스에서 많이 볼 수 있다.

알코올

다양한 원료로부터 제조되지만 식물 등에서 만드는 바이오 에탄올의 경우는 식물이 CO_2 를 흡수하기 때문에 전체적(내연기관을 통해 배출하는 CO_2 와의 상쇄)으로 CO_2 배출을 억제하는 것으로 나타나 있다.

수소가스

수소를 연료로 삼아 엔진을 움직이는 내연기관으로 연료전지 자동차와는 구조가 다르다. 화학반응에 의해 CO_2 를 배출하지 않는다.

▲ 바이어 에탄올 자동차

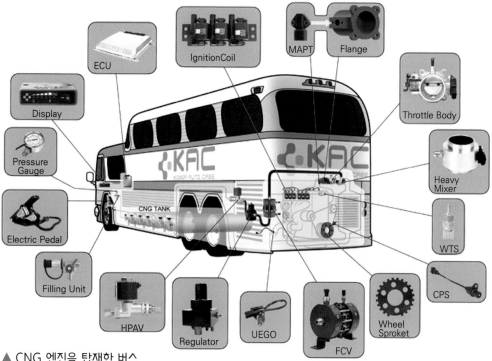

▲ CNG 엔진을 탑재한 버스

대체연료 내연기관의 특징

내연기관으로서의 구조는 대부분 가솔린, 디젤 엔진과 차이가 없다. 다만 연료가 기체일 때는 각각의 특징에 맞는 연료 공급 시스템이 필요하다.

가솔린이나 디젤은 상온에서 액체 상태를 유지하기 때문에 어느 정도 안정적이지만, 가스는 1회 보급으로 주행거리를 늘리기 위해 압축 혹은 액화해서 충전할 필요가 있다. 즉 연료탱크 내의 압력이 높아지는 것이다. 게다가 가연성 물질이기 때문에 폭발 등의 위험도 있다.

이렇게 엄격한 조건에 맞춰 제작한 연료탱크(가스 봄베)를 탑재하고, 그 다음은 각각에 맞는 가스의 혼합기나 인젝션을 장착하면 자동차 동력 기구로서의 시스템을 갖추게 된다.

정비 포인트

내연기관의 기계적인 부분에 관한 점검·정비 순서는 크게 다르지 않다. 전기 계통, 주행 계통, 하체 관련도 거의 비슷하다. 다만 연료 공급, 배기 라인에 있어서는 약간의 차이가 있다.

가스, 액화가스인 경우는 연료탱크 상태가 안전성과 직결되기 때문에 각각의 기준에 따른 점검이 필요하다. 연료 공급 라인도 기체 같은 경우는 액체 이상으로 쉽게 유출될 수 있으므로 접속부분이나 실을 꼼꼼하게 확인해야 한다.

알코올은 금속부품을 부식시키는 경우가 있으므로 손상에 대해 세세하게 점검할 필요가 있다. 연소가 더 완전하게 이루어지기 때문에 엔진 내부에 카본이나 슬러지가 잘 축적되지 않는다는 특징이 있다. 엔진오일 등과 같이 세정 기능을 가진 부품이나 소모품은 수명이 대폭 늘어난다.

배기계통에 있어서도 배기가스가 깨끗하기 때문에 촉매 등이 필요 없으며, 금속 부식도 없으므로 유지 보수가 간편하다. 다만 수소연료 자동차의 경우는 소량이지만 과산화수소가 발생하기 때문에 이를 처리하기 위한 지식이 필요하다.

LPG 자동차의 가스 봄베

수소가스 자동차

5 연료 전지 자동차의 정비

연료 전지 자동차란?

연료를 화학 반응시켜 발전하는 전지(연료 전지)를 사용해 전력을 공급하고, 전기 모터로 구동하는 전기 자동차를 가리킨다. 수소를 연료로 삼아 내연기관으로 가동하는 수소 연료 자동차와는 다른 종류이다. 현재 실용화를 향해 개발 중인 것은 수소를 연료로 삼아 화학 반응을 일으키는 방식으로 발전하는 타입이다. 이 경우 수소는 발전을 위한 연료이기 때문에 가솔린이나 경유와 같이 외부의 보충 시설을 필요로 한다.

연료 전지 자동차의 특징

기본 구조는 전기 자동차와 동일하지만 전력 공급 시스템을 자동차 내부에 탑재하고 있다. 수소 연료 자동차와 마찬가지로 수소를 저장하는 연료 탱크가 있다. 여기에서 발전 시스템으로 수소를 보낸 다음 공기 중의 산소와 화학 반응을 일으키게 하여 전기를 얻는 것이다.

발전된 전기와 회생 에너지를 축전하기 위한 2차 전지도 탑재하고 있다. 화학 반응으로 생기는 물 이외에 환경에 부하를 주는 CO_2, NOx, SOx, CO, PM 등과 같은 배출물이 배출되지 않는다. 실용화된 자동차와 비교했을 때 내연기관에 비해 에너지 효율이 높고, 전기 자동차에 비해 연료를 보충하는 시간이 오래 걸리지 않으며, 주행거리도 길다는 이점이 있다.

정비 포인트

동력이 전기 모터이기 때문에 정비는 기본적으로 전기 자동차와 똑같다. 높은 전압 부분도 많기 때문에 전기 기술자와 동등한 지식이 필요하다고 할 수 있다. 전기 모터에 관한 부분은 전자제어 부품이 사용되기 때문에 전용의 테스터를 사용하여 점검, 정비해야 한다. 배기 장치와 변속기는 없지만 조향 장치, 주행 장치, 현가 장치 등은 내연기관 탑재 자동차와 동일하다. 연료 전지 자동차 특유의 장치로는 연

료 전지 시스템이 있어서 이에 관한 과학

적 지식이 요구된다.

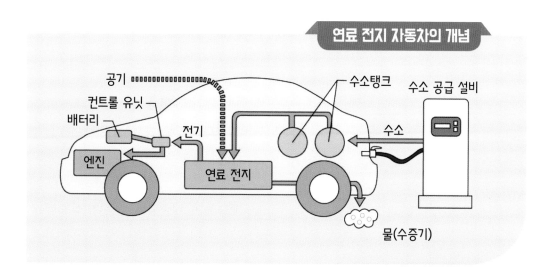

연료 전지 자동차의 개념

공기
컨트롤 유닛
배터리
전기
엔진
연료 전지
수소탱크
수소 공급 설비
수소
물(수증기)

▲ 연료 전지 자동차

연료 전지 자동차

배터리

충방전이 가능한 2차 전지. 감속할 때 생기는 회생 에너지를 충전하고, 가속할 때는 연료 전지가 출력을 지원한다.

모터

교류 동기 모터, 감속할 때는 발전기로서 기능해 에너지를 회수한다.

컨트롤 장치

발생한 전기의 직류 전류를 모터 구동용 교류 전류로 교환하는 인버터와, 구동용 배터리의 전기를 넣고 빼는 DC/DC 컨버터 등으로 구성되어 있다. 다양한 운전 상황에서 연료 전지의 출력과 2차 전지의 충방전을 엄밀하게 제어한다.

연료 전지

수소와 산소의 화학 반응을 이용해 전기를 만드는 발전장치. 연료 전지는 셀이라고 하는 단일 전지들로 구성되며, 몇 백 개의 셀을 직렬로 접속해 전압을 높인다.

수소 탱크

70MPa의 고압 수소 탱크는 수소를 밀봉하는 플라스틱 라이너, 내압 강도를 확보하는 탄소섬유 강화 플라스틱 층, 표면을 보호하는 유리 섬유 강화 플라스틱 층의 3층 구조로 이루어져 있다.

수소 공급 설비

연료 전지 자동차에 순도가 높은 수소를 공급하는 충전소. 방식은 그 장소에서 수소를 만드는 「온 사이트 방식」, 수소를 갖고 와서 저장하는 「오프 사이트 방식」, 트레일러 등으로 고객에게 설비를 가져가는 「이동식」 3가지로 크게 나뉜다.

6 환경에 대한 배려

지구 환경보호에 관한 인식은 모든 산업, 모든 제품에 파고들고 있다. 물론 자동차도 예외는 아니다. 대기오염의 원인이 되는 배기가스와 소유자·운전자의 직접적인 비용과 관련된 연비 문제는 일반적으로 관심이 높다고 할 수 있다. 자동차 본체의 각 부품에 대해서는 법률로 처리 방법이 정해져 있다. 또한 정비 사업자도 정비 후에 배출되는 폐기물에 대해 책임이 요구된다. 자동차와 관련하여 환경부하를 줄이기 위한 다양한 대책이 시행되고 있다.

연비 절약과 배기가스

연비 절약의 예를 들면 연료와 공기로 이루어진 혼합 가스와 그 점화시기를 최적화하여 엔진의 연소효율을 향상시키면 더 적은 연료로 멀리까지 주행할 수 있다. 이 것이 연비의 향상, 즉 연비 절약인 것이다. 직접적으로는 사용자의 연료비 절약으로 이어지지만, 사용 연료를 줄이면 환경부하를 낮추는 결과도 가져온다.

연소가 최적화되면 완전연소에 더 가까워지기 때문에 배기는 그만큼 깨끗해진다. 나아가 촉매를 지나가면 유해물질의 배출이 억제된다. 이처럼 내연기관을 중심으로 다양한 장치가 개량을 거듭하면서 친환경적인 자동차가 개발되고 있다.

환경을
배려해 주세요!!

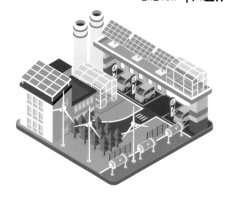

7 정비와 환경 문제

분해 · 정비를 하는 데 있어서 자동차에 사용되고 있는 다양한 소모품이 수명을 다하게 되면 폐기물이 된다. 이런 폐기물들은 관련 법률 등에 의해 작업자가 배출 책임을 맡게 되어 있다. 각각의 규칙에 따라 적절한 처리가 요구된다.

폐유

엔진 오일, 기어 오일, 자동 변속기 오일 등과 같이 교환할 때 배출되는 것이 많이 있다. 일반적으로 전문 업자가 재처리를 해서 중유 연료처럼 사용한다.

폐배터리

전극의 납이나 전해액의 묽은황산을 불법적으로 투기하면 큰 사회문제를 불러오게 된다. 하지만 배터리는 재활용하기 쉬운 부품이므로 전문 업자에게 전달만 제대로 하면 재생을 할 수 있다.

폐타이어

타이어 교환 후의 사용이 끝난 타이어로서, 불법투기가 사회문제로 대두된 적도 있었다. 현재는 전문 업자가 파쇄해서 타이어 조각으로 만들면 최종 처리업자가 연료로 사용하는 식으로 관리함으로써, 불법투기가 이루어지지 않도록 하고 있다. 타이어 메이커 등이 재이용에 나서고 있으며, 재생 타이어 제조 등에도 힘을 쏟고 있다.

쿨런트(부동액)

잘못해서 몸 안으로 들어가면 위장 장애를 일으키는 에틸렌글리콜이 주성분이다. 따라서 하수도 등에 버리는 것은 금물이다. 부동액을 교환할 때는 완전히 회수해서 적정하게 처리할 필요가 있다.

프레온가스

에어컨의 냉매가스이다. 애초에 사용했던 프레온가스는 오존층 파괴와 온실효과가 있어서 금지되고, 대체 프레온으로 바뀌었다. 하지만 이것도 온실효과가 있기 때문에 에어컨을 폐기하거나 냉매가스를 교체할 때는 전용기계로 완전히 회수한 다음 적정하게 처리해야 한다.

납 웨이트

타이어, 휠의 균형을 맞추는데 사용하는 무게 추(웨이트)이다. 납은 독성이 있기 때문에 규칙에 따라 폐기해야 한다. 재활용 방식이 정해져 있으므로 전문 업자에게 맡기면 적정하게 처리한다.

8 자동차의 IT화

전자제어 부품

원래 자동차는 기계에 의해 물리적으로 움직였다. 현재도 주행 장치, 현가 장치, 조향 장치 대부분은 기어나 조인트에 물리적인 힘이 가해지면서 움직이는 부분도 많다. 하지만 안전성, 쾌적성 외의 성능을 높이고 환경에 부담을 주지 않기 위해서는 기계적인 반응으로만 구동하기에는 어려운 상황이 되었다. 그래서 컴퓨터를 통해 처리하게 된 것이다.

예를 들면 흡기 계통이라면 자연흡기로 공기와 연료의 혼합기를 보냈던 카브레터의 경우, 드라이버 하나로 연료와 공기의 조정 나사를 움직여 혼합기를 조정했다. 하지만 이런 방법으로는 엔진의 연소를 고도로 최적화하기에 무리가 있었다.

반면에 컴퓨터 제어를 통해 공기, 연료, 점화시기 등을 제어함으로서, 엔진의 출력을 최대한 발휘시킬 뿐 아니라 연소가스를 깨끗하게 하는데 성공한다. 점검은 전용의 테스터로 하고, 에러가 나오면 부품을 교환해 대응하는 정비 방식으로 바뀐 것이다. 이 밖에 현가 장치, 제동 장치, 변속기 등에도 전자제어 부품을 많이 사용하게 되면서, ABS나 횡슬립 방지 장치 같은 다양한 새로운 시스템을 적극적으로 도입하게 되었다.

운행관리 시스템

속도계 뒤에 아날로그로 운행 상황을 기록하는 **회전 속도계**tachograph를 장착한 자동차가 있다. 현재는 이것이 디지털로 바뀌어, 통신 시스템이나 드라이브 레코더 내비게이션, 카메라, 각종 센서 등과 연동됨으로써 고도의 주행 관리 시스템으로 진화하고 있다.

운전자가 언제, 어디를, 어떤 상황으로 운전했는지를 상세하게 기록해 센터로 실시간 정보를 보낼 수 있다. 운전자의 졸음방지나 차량 도난방지 등도 가능하고, 안전운전교육에도 이용할 수 있다. 이런 기기의 장착이나 수리 등도 정비의 일환으로 정비사가 담당하는 추세이다.

▲ 자동차 내비게이션

졸음 방지장치 구성

운전자 상태인식
모듈

전방영상인식 모듈

디지털 운행 기록
장치 (DTG)

통합판단ECU

호흡 센서 모듈

차량정보수집보드

생체인식밴드
(햅틱경고모듈)

졸음이나 곁눈질이 판단되면 경보음이 울린다.

9 ITS와 자율주행(자동운전)

국토교통부 등과 같은 정부기관은 관계된 민간단체, 기업과 협력해 미래의 안전하고 쾌적한 도로교통을 만들기 위해「인텔리전트 트랜스포트 시스템, ITS」를 추진하고 있다. 이것은 도로의 자동차 운행을 포괄적으로 관리할 수 있는 시스템으로, 궁극적으로 지향하는 바는 완전 자동운전이라고 할 수 있다.

요금 자동징수 시스템인 ETC나 정체 정보를 내비게이션 등에 제공하는 VICS 등도 그런 일환이다. 도로에 각종 센서를 설치한 다음 수집한 정보를 분석하여 직접 각 자동차에 송신하는 것이다. 정보를 받은 자동차는 그것을 주행 상황에 맞춰 이용한다. 이 정보는 VICS 같은 정체 정보만 있는 것이 아니다.

예를 들면 자동차 주행 방향의 전방 신호가 적색으로 바뀐다는 정보를 송신하였을 때, 그것을 수신한 자동차는 그 직전의 정지선에서 자동적으로 정지하게 된다. 한편 자동차 쪽에도 수신한 정보를 분석하기 위한 장치를 갖추게 된다. 또한 카메라나 밀리파 등과 같은 센서를 장착하고 있다가 거기서 얻은 정보도 주행시스템에 반영하게 된다.

이처럼 자율 주행 시스템이 진화하면 점검·정비는 이와 관련된 전자기기에도 미치게 될 것이다. 당연히 차량 검사 항목에도 반영될 것으로 예상된다. 그러면 정비사에게는 컴퓨터 기술자에 필적하는 지식과 기량이 요구될지도 모른다.

정비 IT화와 고객관리

IT화가 자동차 자체나 교통 시스템에서만 이루어지는 것은 아니다. 정비 사업의 고객 관리도 예외가 아니다. 현재도 정비 사업자 전용 소프트웨어가 있어서, 고객의 수리 이력이나 점검 결과 등을 기록하고 있다가 필요할 때 안내를 하고 있다. 말하자면 병원의 진료 기록카드와 비슷하다고 할 수 있다.

앞으로는 OBD Ⅱ 등과 같은 테스터의 점검 결과나 그에 기초한 진단 결과, 수리이력 외에, 자동차의 운전 상황 등도 반영함으로써 점검·수리 예측이 가능할 것으로 예상된다. 스마트폰 등과도 연동해 운전자에게 필요한 점검·수리 안내를 할 수 있게 될 것이다.

나아가 안전하고 안심할 수 있는 자동차로 계속해서 진화하고, 점검·정비도 그에 발맞춰 변화해 나갈 것임이 틀림없다.

자율주행 자동차

라이더 센서
벨로다인(Velodyne)은 차량의 주변에 대한 데이터를 얻기 위해서 탑재되고 있다. 매초 10회 정도 회전하면서 일정한 조사 각으로 레이저 빛을 송수신하여 자신의 자동차 주변에 있는 물체와의 거리를 측정한다.

근거리 레이더
밀리파를 사용한다.

GPS 안테나
1m 이상의 간격을 두고 설치되어 있는 것은 스테레오 수신의 효과를 노리고 측위 정도를 높일 수 있기 때문일 것이다. 외부의 정보를 얻을 수 있는 것은 이 안테나뿐이다.

측시 카메라와 레이더
직사각형의 검은 상자는 가로 방향을 향한 카메라로 그 아래 좌우 3세트씩 있는 것이 레이더이다, 운전자의 사각 지대를 없애는 센서이다.

미래의 자동 운전

■ 차량간격을 단축할 수 있다.

■ 주행차선 폭을 좁힐 수 있다.

■ 속도를 높일 수 있다.

■ 교통량을 몇 배로 늘릴 수 있다.

■ 자동차에 사용하는 에너지를 삭감할 수 있다.

■ 자동차 사고가 제로가 된다.

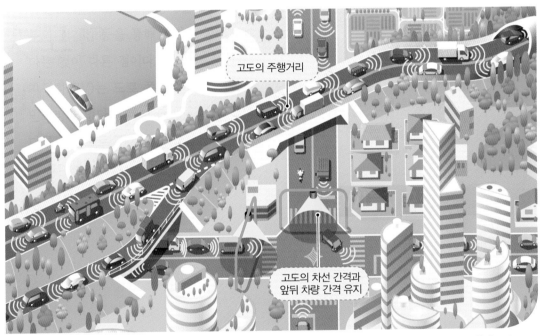

고도의 주행거리

고도의 차선 간격과
앞뒤 차량 간격 유지

▲ 미래의 모습

부록

자동차
검사기준 및 방법

자동차 검사기준 및 방법
(제73조 관련)

01 일반 기준 및 방법

가. 자동차의 검사 항목 중 제원 측정은 공차 상태에서 시행하며, 그 이외의 항목은 공차 상태에서 운전자 1명이 승차하여 시행한다. 다만, 긴급 자동차 등 부득이한 사유가 있는 경우에는 적차 상태에서 검사를 시행할 수 있다.

나. 자동차의 검사는 이 표에서 정하는 검사 방법에 따라 검사기기 · 계측기 · 관능 또는 서류 확인 등에 의하여 시행하여야 한다. 다만, 자동차의 상태 등을 고려하여 관능 · 서류 등으로 식별하는 것이 적합하다고 판단되는 다음의 경우에는 검사기기 또는 계측기에 의한 검사를 생략할 수 있다.

1) 자동차의 제원 측정시 구조 및 제원이 자동차 등록증, 자기인증(제원표) 또는 튜닝 승인 내용과 변동이 없는 경우

2) 타이어 요철형 무늬의 깊이, 배기관의 열림방향, 경적음, 배기소음 및 타이어 공기압이 안전기준에 적합하다고 인정될 경우

3) 자동차의 전조등이 4등식일 때 좌 · 우 각 1개씩 주행빔의 광도, 광축을 측정한 때 나머지 전조등의 경우

4) 소방기본법 · 계량에 관한법률이나 그 밖의 다른 법령의 적용을 받는 부분에 대하여 관계 서류를 제시할 때 그 항목을 확인하는 경우

5) 검사 시설이 없는 지역의 출장 검사인 경우

6) 특수한 구조로 검차장의 출입이나 검사 기기로 측정이 곤란한 자동차인 경우

7) 전자제어장치 등의 장치가 없거나 전자장치 진단기와 통신이 되지 아니하여 각종 센서를 진단할 수 없는 경우

항 목	검사기준	검사방법
가. 비사업용 자동차		
1) 동일성 확인	자동차의 표기와 등록번호판이 자동차 등록증에 기재된 차대번호·원동기 형식 및 등록번호가 일치하고 등록번호판 및 봉인의 상태가 양호할 것.	자동차의 차대번호 및 원동기 형식의 표기 확인 등록번호판 및 봉인상태 확인
2) 제원측정	제원표에 기재된 제원과 동일하고 제원이 안전기준에 적합할 것.	길이·너비·높이·최저 지상고, 뒤오버행(뒤차축 중심부터 차체 후단까지의 거리) 및 중량을 계측기로 측정하고 제원 허용차의 초과여부 확인
3) 원동기	가) 시동상태에서 심한 진동 및 이상음이 없을 것.	공회전 또는 무부하 급가속 상태에서 진동·소음확인
	나) 원동기의 설치 상태가 확실할 것.	원동기 설치상태 확인
	다) 점화·충전·시동장치의 작동에 이상이 없을 것.	점화·충전·시동장치의 작동상태 확인
	라) 윤활유 계통에서 윤활유의 누출이 없고 유량이 적정할 것.	윤활유 계통의 누유 및 유량 확인
	마) 팬 벨트 및 방열기 등 냉각계통의 손상이 없고 냉각수의 누출이 없을 것.	냉각계통의 손상여부 및 냉각수의 누출여부 확인
4) 동력전달장치	가) 손상·변형 및 누유가 없을 것.	변속기의 작동 및 누유여부 확인 추진축 및 연결부의 손상변형 여부 확인
	나) 클러치 페달 유격이 적정하고 자동변속기 선택레버의 작동상태 및 현재 위치와 표시가 일치할 것	클러치 페달 유격 적정 여부, 자동변속기 선택레버의 작동상태 및 위치표시 확인
5) 주행장치	가) 차축의 외관, 휠 및 타이어의 손상·변형 및 돌출이 없고, 수나사 및 암나사가 견고하게 조여 있을 것.	차축의 외관, 휠 및 타이어의 손상·변형 및 돌출 여부 확인 수나사·암나사의 조임 상태 확인
	나) 타이어 요철형 무늬의 깊이는 안전기준에 적합하여야 하며, 타이어 공기압이 적정할 것	타이어 요철형 무늬의 깊이 및 공기압을 계측기로 확인

항목	검사기준	검사방법
5) 주행장치	다) 흙받이 및 휠 하우스가 정상적으로 설치되어 있을 것	흙받이 및 휠 하우스 설치상태 확인
	라) 가변축 승강 조작장치 및 압력조절 장치의 설치위치는 안전기준에 적합할 것	가변축 승강 조작장치 및 압력 조절장치의 설치위치 및 상태 확인
6) 조종장치	조종장치의 작동상태가 정상일 것.	시동·가속·클러치·변속·제동·등화·경음·창닦이기·세정액분사장치 등 조종장치의 작동 확인
7) 조향장치	가) 조향바퀴 옆미끄럼량은 1m 주행에 5mm 이내일 것	조향핸들에 힘을 가하지 아니한 상태에서 사이드슬립 측정기의 답판 위를 직진할 때 조향바퀴의 옆미끄럼량을 사이드슬립 측정기로 측정
	나) 조향 계통의 변형·느슨함 및 누유가 없을 것	기어박스·로드 암·파워 실린더·너클 등의 설치상태 및 누유 여부 확인
	다) 동력조향 작동유의 유량이 적정할 것	동력조향 작동유의 유량 확인
8) 제동장치	가) 제동력 (1) 모든 축의 제동력의 합이 공차중량의 50% 이상이고 각축의 제동력은 해당 축중의 50%(뒤축의 제동력은 해당 축중의 20%) 이상일 것 (2) 동일 차축의 좌·우 차바퀴 제동력의 차이는 해당 축중의 8% 이내일 것 (3) 주차제동력의 합은 차량 중량의 20% 이상일 것	주제동장치와 주차 제동장치의 제동력을 제동시험기로 측정
	나) 제동계통 장치의 설치상태가 견고하여야 하고, 손상 및 마멸된 부위가 없어야 하며, 오일이 누출되지 아니하고 유량이 적정할 것	제동계통 장치의 설치상태 및 오일 등의 누출 여부 및 브레이크 오일량이 적정한지 여부 확인
	다) 제동력 복원상태는 3초 이내에 해당 축중의 20% 이하로 감소될 것	주제동장치의 복원상태를 제동시험기로 측정

항 목	검사기준	검사방법
8) 제동장치	라) 피견인자동차 중 안전기준에서 정하고 있는 자동차는 제동장치 분리 시 자동으로 정지가 되어야 하며, 주차브레이크 및 비상브레이크 작동상태 및 설치상태가 정상일 것	피견인자동차의 제동공기라인 분리 시 자동 정지 여부, 주차 및 비상브레이크 작동 및 설치상태 등 확인
9) 완충장치	균열·절손 및 오일 등의 누출이 없을 것.	스프링·쇽업소버의 손상 및 오일 등의 누출여부 확인
10) 연료장치	작동상태가 원활하고 파이프 호스의 손상·변형 및 연료 누출이 없을 것.	(가) 연료장치의 작동상태, 손상·변형 및 조속기 봉인상태 확인 (나) 가스를 연료로 사용하는 자동차는 가스 누출감지기로 연료 누출여부를 확인 (다) 연료의 누출여부 확인(연료탱크의 주입구 및 가스 배출구로의 자동차의 움직임에 의한 연료 누출여부 포함)
11) 전기장치 및 전자장치	가) 전기장치 (1) 축전지의 접속·절연 및 설치상태가 양호할 것 (2) 자동차 구동 축전지는 차실과 벽 또는 보호 판으로 격리되는 구조일 것 (3) 전기배선의 손상이 없고 설치상태가 양호할 것 (4) 차실 내 및 차체 외부에 노출되는 고전원 전기장치 간 전기배선은 금속 또는 플라스틱 재질의 보호 기구를 설치할 것 (5) 「자동차 및 자동차 부품의 성능과 기준에 관한 규칙」 별표 5 제1호가목에 따른 고전원 전기장치 활선 도체부의 보호 기구는 공구를 사용하지 아니하면 개방·분해 및 제거되지 않는 구조일 것	가) 접속·손상·절연 및 설치상태 확인 나) 구동 축전지의 차실과의 격리상태 확인 다) 고전원 전기장치의 전기배선 보호 기구 설치상태 확인 라) 고전원 전기장치 활선 도체부 보호 기구의 구조 상태를 육안으로 확인 마) 고전원 전기장치 외부 또는 보호기구의 경고 표시의 모양 및 식별 가능성 등을 육안으로 확인 바) 고전원 전기장치 간 전기 배선의 색상을 육안으로 확인

항 목	검사기준	검사방법
11) 전기장치 및 전자장치	(6) 고전원전기장치의 외부 또는 보호 기구에는 「자동차 및 자동차부품의 성능과 기준에 관한 규칙」 별표 5 제4호에 따른 경고표시가 되어 있을 것 (7) 고전원 전기장치 간 전기배선(보호기구 내부에 위치하는 경우는 제외한다)의 피복은 주황색일 것	
	나) 전자장치 (1) 원동기 전자제어 장치가 정상적으로 작동할 것 (2) 바퀴 잠김 방지식 제동장치(ABS), 구동력 제어장치(TCS), 전자식 차동제한장치 및 차체 자세 제어장치, 에어백, 순항 제어장치 등 안전운전 보조 장치가 정상적으로 작동할 것	전자장치진단기로 각종 센서의 정상 작동 여부를 확인
12) 차체 및 차대	가) 차체 및 차대의 부식·절손 등으로 차체 및 차대의 변형이 없을 것	차체 및 차대의 부식 및 부착물의 설치 상태 확인
	나) 후부 안전판 및 측면 보호대의 손상·변형이 없을 것	후부 안전판 및 측면 보호대의 설치상태 확인
	다) 최대적재량의 표시가 자동차 등록증에 기재되어 있는 것과 일치할 것	최대적재량(탱크로리는 최대적재량·최대적재용량 및 적재품명) 표시 확인
	라) 차체에는 예리하게 각이 지거나 돌출된 부분이 없을 것	차체의 외관 확인
	마) 어린이 운송용 승합자동차의 색상 및 보호표지는 안전기준에 적합할 것	차체의 색상 및 보호표지 설치 상태 확인
13) 연결장치 및 견인장치	가) 변형 및 손상이 없을 것	커플러 및 킹핀의 변형 여부 확인
	나) 차량 총중량 0.75톤 이하 피견인자동차의 보조 연결장치가 견고하게 설치되어 있을 것	보조 연결장치 설치상태 확인

항 목	검사기준	검사방법
14) 승차장치	가) 안전기준에서 정하고 있는 좌석·승강구·조명·통로·좌석안전띠 및 비상구 등의 설치상태가 견고하고, 파손되어 있지 아니하며 좌석수의 증감이 없을 것	좌석·승강구·조명·통로·좌석안전띠 및 비상구 등의 설치상태와 비상탈출용 장비의 설치상태 확인
	나) 머리지지대가 설치되어 있을 것	승용자동차 및 경형·소형 승합자동차의 앞좌석(중간좌석 제외)에 머리지지대의 설치 여부 확인
	다) 어린이운송용 승합자동차의 승강구가 안전기준에 적합할 것	승강구 설치상태 및 규격 확인
15) 물품적재 장치	가) 적재함 바닥면의 부식으로 인한 변형이 없을 것 나) 적재량의 증가를 위한 적재함의 개조가 없을 것 다) 물품 적재장치의 안전 잠금장치가 견고할 것 라) 청소용 자동차 등 안전기준에서 정하고 있는 차량에는 덮개가 설치되어 있어야 하고, 설치 상태가 양호할 것	가) 물품의 적재장치 및 안전시설 상태 확인(변경된 경우 계측기 등으로 측정) 나) 청소용 자동차등 안전기준에서 정하고 있는 차량의 덮개 설치여부를 확인
16) 창유리	접합유리 및 안전유리로 표시된 것일 것.	유리(접합·안전)규격품 사용 여부 확인
17) 배기가스 발산 방지 및 소음방지 장치	가) 배기소음 및 배기가스농도는 운행차 허용기준에 적합할 것	배기소음 및 배기가스 농도를 측정기로 측정
	나) 배기관·소음기·촉매장치의 손상·변형·부식이 없을 것	배기관·촉매장치·소음기의 변형 및 배기계통에서의 배기가스 누출여부 확인
	다) 측정결과에 영향을 줄 수 있는 구조가 아닐 것	측정결과에 영향을 줄 수 있는 장치의 훼손 또는 조작여부 확인
18) 등화장치	가) 광도(최고속도가 25km/h 이하인 자동차는 제외한다)는 다음 기준에 적합할 것 (1) 2등식 : 15000d 이상 (2) 4등식 : 12000cd 이상	좌·우측 전조등의 광도와 주광축의 진폭을 전조등 시험기로 측정

항 목	검사기준	검사방법
18) 등화장치	나) 주광축의 진폭은 10m에서 다음 수치 이내일 것 (단위 : cm) 	구분	상	하	좌	우
---	---	---	---	---
좌측	10	30	15	30
우측	10	30	30	30		
	다) 정위치에 견고히 부착되어 작동에 이상이 없고, 손상이 없어야 하며, 등광색이 안전 기준에 적합할 것	전조등 · 방향지시등 · 번호등 · 제동등 · 후퇴등 · 차폭등 · 후미등 · 안개등 · 비상점멸표시등과 그 밖의 등화장치의 점등 · 등광색 및 설치상태 확인
	라) 후부 반사기 및 후부 반사판의 설치상태가 안전기준에 적합할 것	후부 반사기 및 후부 반사판의 설치상태 확인
	마) 어린이 운송용 승합자동차에 설치된 표시등이 안전기준에 적합할 것	표시등 설치 및 작동상태 확인
	바) 안전기준에서 정하지 아니한 등화 및 금지등화가 없을 것	안전기준에 위배되는 등화설치 여부 확인
19) 경음기 및 경보장치	경음기의 음색이 동일하고, 경적음 · 싸이렌 음의 크기는 안전기준상 허용기준 범위 이내일 것	경적음이 동일한 음색인지 확인 경적음 및 싸이렌 음의 크기를 소음측정기로 확인(경보장치는 신규검사로 한정함)
20) 시야 확보 장치	가) 후사경은 좌 · 우 및 뒤쪽의 상황을 확인할 수 있고, 돌출거리가 안전기준에 적합할 것	후사경 설치상태 확인
	나) 창닦이기 및 세정액 분사장치는 기능이 정상적일 것	창닦이기 및 세정액 분사장치의 작동 및 설치상태 확인
	다) 어린이 운송용 승합자동차에는 광각 실외 후사경이 설치되어 있을 것	광각 실외 후사경 설치 여부 확인
21) 계기장치	가) 모든 계기가 설치되어 있을 것.	계기장치의 설치여부 확인
	나) 속도계 지시오차는 정 25%, 부 10% 이내일 것	40km/h의 속도에서 자동차 속도계의 지시오차를 속도계 시험기로 확인

항 목	검사기준	검사방법
21) 계기장치	다) 최고속도 제한장치 및 운행기록계, 주행기록계의 설치 및 작동상태가 양호할 것	최고속도 제한장치, 운행기록계, 주행기록계의 설치상태 및 정상작동 여부 확인
22) 소화기 및 방화장치	소화기가 설치 위치에 설치되어 있을 것.	소화기 설치여부 확인
23) 내압 용기	용기 등이 관련 법령에 적합하고 견고하게 설치되어 있으며, 용기의 변형이 없고 사용연한 이내 일 것	용기 등이 「자동차관리법」에 따른 합격품인지 여부, 설치상태 및 변형·손상 여부 및 사용연한 확인
24) 기타	어린이 운송용 승합자동차의 색상 및 보호표지 등 그 밖의 구조 및 장치가 안전기준 및 국토교통부장관이 정하는 기준에 적합할 것	그 밖의 구조 및 장치가 안전기준 및 국토교통부장관이 정하는 기준에 적합한지를 확인

나. 사업용 자동차

항 목	검사기준	검사방법
1) 동일성 확인	자동차의 표기와 등록번호판이 자동차등록증에 기재된 차대번호·원동기형식 및 등록번호가 일치하고, 등록번호판 및 봉인의 상태가 양호할 것	자동차의 차대번호 및 원동기 형식의 표기 확인 등록번호판 및 봉인상태 확인
2) 제원측정	제원표에 기재된 제원과 동일하고, 제원이 안전기준에 적합할 것	길이·너비·높이·최저지상고, 뒤 오우버행(뒤차축 중심부터 차체후단까지의 거리) 및 중량을 계측기로 측정하고 제원허용차의 초과 여부 확인
3) 원동기	가) 시동상태에서 심한 진동 및 이상음이 없을 것.	공회전 또는 무부하 급가속 상태에서 진동·소음 확인
	나) 원동기의 설치 상태가 확실할 것.	원동기 설치상태 확인
	다) 점화·충전·시동장치의 작동에 이상이 없을 것.	점화·충전·시동장치의 작동상태 확인
	라) 윤활유 계통에서 윤활유의 누출이 없고 유량이 적정할 것.	윤활유 계통의 누유 및 유량 확인

항 목	검사기준	검사방법
3) 원동기	마) 팬 벨트 및 방열기 등 냉각계통의 손상이 없고 냉각수의 누출이 없을 것.	냉각계통의 손상여부 및 냉각수의 누출 여부 확인
4) 동력전달장치	가) 손상·변형 및 누유가 없을 것.	변속기의 작동 및 누유여부 확인 추진축 및 연결부의 손상변형 여부 확인
	나) 클러치 페달 유격이 적정하고 자동 변속기 선택레버의 작동상태 및 현 재 위치와 표시가 일치할 것	클러치 페달 유격 적정 여부, 자동변속 기 선택레버의 작동상태 및 위치표시 확인
5) 주행장치	가) 차축의 외관, 휠 및 타이어의 손 상·변형 및 돌출이 없고, 수나사 및 암나사가 견고하게 조여 있을 것.	차축의 외관, 휠 및 타이어의 손상·변형 및 돌출 여부 확인 수나사·암나사의 조임 상태 확인
	나) 타이어 요철형 무늬의 깊이는 안전 기준에 적합하여야 하며, 타이어 공 기압이 적정할 것	타이어 요철형 무늬의 깊이 및 공기압을 계측기로 확인
	다) 흙받이 및 휠 하우스가 정상적으로 설치되어 있을 것	흙받이 및 휠 하우스 설치상태 확인
	라) 가변축 승강 조작장치 및 압력조절 장치의 설치위치는 안전기준에 적 합할 것	가변축 승강 조작장치 및 압력 조절장 치의 설치위치 및 상태 확인
	마) 여객 자동차 운송사업용 버스의 앞 바퀴에는 재생 타이어를 사용하지 아니할 것	재생 타이어 장착 여부 확인
	바) 시외우등고속버스, 시외고속버스 및 시외직행버스의 앞바퀴는 튜브 가 없는 타이어(Tubeless Tire)를 사 용할 것	튜브가 없는 타이어(Tubeless Tire)의 장 착 여부 확인
6) 조종장치	조종장치의 작동상태가 정상일 것.	시동·가속·클러치·변속·제동·등 화·경음·창닦이기·세정액분사장치 등 조종장치의 작동 확인
7) 조향장치	가) 조향바퀴 옆미끄럼량은 1m 주행에 5mm 이내일 것	조향핸들에 힘을 가하지 아니한 상태에 서 사이드슬립 측정기의 답판 위를 직진 할 때 조향바퀴의 옆미끄럼량을 사이드 슬립 측정기로 측정

항 목	검사기준	검사방법
7) 조향장치	나) 조향 계통의 변형·느슨함 및 누유가 없을 것	기어박스·로드 암·파워 실린더·너클 등의 설치상태 및 누유 여부 확인
	다) 동력조향 작동유의 유량이 적정할 것	동력조향 작동유의 유량 확인
8) 제동장치	가) 제동력 (1) 모든 축의 제동력의 합이 공차중량의 50% 이상이고 각축의 제동력은 해당 축중의 50%(뒤축의 제동력은 해당 축중의 20%) 이상일 것 (2) 동일 차축의 좌·우 차바퀴 제동력의 차이는 해당 축중의 8% 이내일 것 (3) 주차제동력의 합은 차량 중량의 20% 이상일 것	주제동장치와 주차 제동장치의 제동력을 제동시험기로 측정
	나) 제동계통 장치의 설치상태가 견고하여야 하고, 손상 및 마멸된 부위가 없어야 하며, 오일이 누출되지 아니하고 유량이 적정할 것	제동계통 장치의 설치상태 및 오일 등의 누출 여부 및 브레이크 오일량이 적정한지 여부 확인
	다) 제동력 복원상태는 3초 이내에 해당 축중의 20% 이하로 감소될 것	주제동장치의 복원상태를 제동시험기로 측정
	라) 피견인자동차 중 안전기준에서 정하고 있는 자동차는 제동장치 분리 시 자동으로 정지가 되어야 하며, 주차브레이크 및 비상브레이크 작동상태 및 설치상태가 정상일 것	피견인자동차의 제동공기라인 분리 시 자동 정지 여부, 주차 및 비상브레이크 작동 및 설치상태 등 확인
	마) 드럼과 라이닝(또는 디스크와 패드)의 간격 및 마모상태가 정상일 것	점검구 등을 통하여 확인. 다만, 점검구 또는 관능으로 드럼과 라이닝(또는 디스크와 패드)의 간격 및 마모상태 확인이 곤란한 차량의 경우에는 제동력 검사로 갈음할 수 있다.
9) 완충장치	균열·절손 및 오일 등의 누출이 없을 것.	스프링·쇽업소버의 손상 및 오일 등의 누출여부 확인

항 목	검사기준	검사방법
10) 연료장치	작동상태가 원활하고 파이프 호스의 손상·변형 및 연료 누출이 없을 것.	(가) 연료장치의 작동상태, 손상·변형 및 조속기 봉인상태 확인 (나) 가스를 연료로 사용하는 자동차는 가스 누출감지기로 연료 누출여부를 확인 (다) 연료의 누출여부 확인(연료탱크의 주입구 및 가스 배출구로의 자동차의 움직임에 의한 연료 누출여부 포함)
11) 전기장치 및 전자장치	가) 전기장치 　(1) 축전지의 접속·절연 및 설치상태가 양호할 것 　(2) 자동차 구동 축전지는 차실과 벽 또는 보호 판으로 격리되는 구조일 것	가) 접속·손상·절연 및 설치상태 확인 나) 구동 축전지의 차실과의 격리상태 확인
	(3) 전기 배선의 손상이 없고 설치상태가 양호할 것 　(4) 차실 내 및 차체 외부에 노출되는 고전원 전기장치 간 전기 배선은 금속 또는 플라스틱 재질의 보호 기구를 설치할 것 　(5) 「자동차 및 자동차 부품의 성능과 기준에 관한 규칙」 별표 5 제1호가목에 따른 고전원 전기장치 활선도체부의 보호 기구는 공구를 사용하지 아니하면 개방·분해 및 제거되지 않는 구조일 것 　(6) 고전원 전기장치의 외부 또는 보호 기구에는 「자동차 및 자동차부품의 성능과 기준에 관한 규칙」 별표 5 제4호에 따른 경고 표시가 되어 있을 것 　(7) 고전원 전기장치 간 전기 배선(보호 기구 내부에 위치하는 경우는 제외한다)의 피복은 주황색일 것	다) 고전원 전기장치의 전기배선 보호 기구 설치상태 확인 라) 고전원 전기장치 활선 도체부 보호 기구의 구조 상태를 육안으로 확인 마) 고전원 전기장치 외부 또는 보호기구의 경고 표시의 모양 및 식별가능성 등을 육안으로 확인 바) 고전원 전기장치 간 전기 배선의 색상을 육안으로 확인

항 목	검사기준	검사방법
11) 전기장치 및 전자장치	나) 전자장치 (1) 원동기 전자제어 장치가 정상적으로 작동할 것 (2) 바퀴 잠김 방지식 제동장치(ABS), 구동력 제어장치(TCS), 전자식 차동제한장치 및 차체 자세 제어장치, 에어백, 순항 제어장치 등 안전운전 보조 장치가 정상적으로 작동할 것	전자장치 진단기로 각종 센서의 정상 작동 여부를 확인
12) 차체 및 차대	가) 차체 및 차대의 부식·절손 등으로 차체 및 차대의 변형이 없을 것	차체 및 차대의 부식 및 부착물의 설치 상태 확인
	나) 후부 안전판 및 측면 보호대의 손상·변형이 없을 것	후부 안전판 및 측면 보호대의 설치상태 확인
	다) 최대적재량의 표시가 자동차 등록증에 기재되어 있는 것과 일치할 것	최대적재량(탱크로리는 최대 적재량·최대 적재용량 및 적재품명) 표시 확인
	라) 차체에는 예리하게 각이 지거나 돌출된 부분이 없을 것	차체의 외관 확인
	마) 어린이 운송용 승합자동차의 색상 및 보호표지는 안전기준에 적합할 것	차체의 색상 및 보호표지 설치 상태 확인
13) 연결장치 및 견인장치	가) 변형 및 손상이 없을 것	커플러 및 킹핀의 변형 여부 확인
	나) 차량 총중량 0.75톤 이하 피견인자동차의 보조 연결장치가 견고하게 설치되어 있을 것	보조 연결장치 설치상태 확인
14) 승차장치	가) 안전기준에서 정하고 있는 좌석·승강구·조명·통로·좌석안전띠 및 비상구 등의 설치상태가 견고하고, 파손되어 있지 아니하며 좌석수의 증감이 없을 것	좌석·승강구·조명·통로·좌석안전띠 및 비상구 등의 설치상태와 비상탈출용 장비의 설치상태 확인
	나) 머리지지대가 설치되어 있을 것	승용자동차 및 경형·소형 승합자동차의 앞좌석(중간좌석 제외)에 머리지지대의 설치 여부 확인

항 목	검사기준	검사방법
14) 승차장치	다) 어린이운송용 승합자동차의 승강구가 안전기준에 적합할 것	승강구 설치상태 및 규격 확인
	라) 입석 손잡이가 규정대로 설치되어 있고 손상이 없을 것	입석 손잡이 설치상태 확인
	마) 일반시외, 시내, 마을, 농어촌 버스의 승강구 안전장치 및 가속페달 잠금장치의 작동이 정상적으로 작동할 것	일반시외, 시내, 마을, 농어촌 버스의 승강구 안전장치 및 가속페달 잠금장치의 작동이 정상적으로 작동하는지 확인
	바) 승합자동차(15인 이하 제외)의 운전자의 좌석 뒤에는 승객석과 분리될 수 있는 보호봉 또는 격벽시설을 설치되어 있을 것	승합자동차(15인 이하 제외)의 운전자의 좌석 뒤에는 승객석과 분리될 수 있는 보호봉 또는 격벽시설을 설치되어 있는지 확인
15) 물품적재 장치	가) 적재함 바닥면의 부식으로 인한 변형이 없을 것 나) 적재량의 증가를 위한 적재함의 개조가 없을 것 다) 물품 적재장치의 안전 잠금장치가 견고할 것 라) 청소용 자동차 등 안전기준에서 정하고 있는 차량에는 덮개가 설치되어 있어야 하고, 설치상태가 양호할 것	물품의 적재장치 및 안전시설 상태 확인(변경된 경우 계측기 등으로 측정)
16) 창유리	접합유리 및 안전유리로 표시된 것일 것.	유리(접합·안전)규격품 사용여부 확인
17) 배기가스 발산 방지 및 소음 방지장치	가) 배기소음 및 배기가스 농도는 운행차 허용기준에 적합할 것	배기소음 및 배기가스 농도를 측정기로 측정
	나) 배기관·소음기·촉매장치의 손상·변형·부식이 없을 것	배기관·촉매장치·소음기의 변형 및 배기계통에서의 배기가스 누출여부 확인
	다) 측정 결과에 영향을 줄 수 있는 구조가 아닐 것	측정 결과에 영향을 줄 수 있는 장치의 훼손 또는 조작여부 확인

항 목	검사기준	검사방법
18 등화장치	가) 광도(최고속도가 25km/h 이하인 자동차는 제외한다)는 다음 기준에 적합할 것 (1) 2등식 : 15000d 이상 (2) 4등식 : 12000cd 이상	좌·우측 전조등의 광도와 주광축의 진폭을 전조등 시험기로 측정
	나) 주광축의 진폭은 10m에서 다음 수치 이내일 것 (단위 : cm) 	구분	상	하	좌	우
---	---	---	---	---
좌측	10	30	15	30
우측	10	30	30	30		
	다) 정위치에 견고히 부착되어 작동에 이상이 없고, 손상이 없어야 하며, 등광색이 안전 기준에 적합할 것	전조등·방향지시등·번호등·제동등·후퇴등·차폭등·후미등·안개등·비상점멸표시등과 그 밖의 등화장치의 점등·등광색 및 설치상태 확인
	라) 후부 반사기 및 후부 반사판의 설치 상태가 안전기준에 적합할 것	후부 반사기 및 후부 반사판의 설치상태 확인
	마) 어린이 운송용 승합자동차에 설치된 표시등이 안전기준에 적합할 것	표시등 설치 및 작동상태 확인
	바) 택시의 윗부분에 설치된 택시 안내등이 정상적으로 작동할 것	택시의 윗부분에 설치된 택시 안내등이 정상적으로 작동하는지 확인
	사) 안전기준에서 정하지 아니한 등화 및 금지등화가 없을 것	안전기준에 위배되는 등화설치 여부 확인
19) 경음기 및 경보장치	경음기의 음색이 동일하고, 경적음·싸이렌 음의 크기는 안전기준상 허용기준 범위 이내일 것	경적음이 동일한 음색인지 확인 경적음 및 싸이렌 음의 크기를 소음측정기로 확인(경보장치는 신규검사로 한정함)
20) 시야 확보 장치	가) 후사경은 좌·우 및 뒤쪽의 상황을 확인할 수 있고, 돌출거리가 안전기준에 적합할 것	후사경 설치상태 확인
	나) 창닦이기 및 세정액 분사장치는 기능이 정상적일 것	창닦이기 및 세정액 분사장치의 작동 및 설치상태 확인

항 목	검사기준	검사방법
	다) 어린이 운송용 승합자동차에는 광각 실외 후사경이 설치되어 있을 것	광각 실외 후사경 설치 여부 확인
21) 계기장치	가) 모든 계기가 설치되어 있을 것.	계기장치의 설치여부 확인
	나) 속도계 지시오차는 정 25%, 부 10% 이내일 것	40km/h의 속도에서 자동차 속도계의 지시오차를 속도계 시험기로 확인
	다) 최고속도 제한장치 및 운행기록계, 주행기록계의 설치 및 작동상태가 양호할 것	최고속도 제한장치, 운행기록계, 주행기록계의 설치상태 및 정상작동 여부 확인
22) 소화기 및 방화장치	소화기가 설치위치에 설치되어 있을 것.	소화기 설치여부 확인
23) 내압 용기	용기 등이 관련 법령에 적합하고 견고하게 설치되어 있으며, 용기의 변형이 없고 사용연한 이내 일 것	용기 등이 「자동차관리법」에 따른 합격품인지 여부, 설치상태 및 변형·손상 여부 및 사용연한 확인
24) 기타	어린이 운송용 승합자동차의 색상 및 보호표지 등 그 밖의 구조 및 장치가 안전기준 및 국토교통부장관이 정하는 기준에 적합할 것	그 밖의 구조 및 장치가 안전기준 및 국토교통부장관이 정하는 기준에 적합한지를 확인

03 튜닝 검사

가. 법 제34조에 따른 자동차 튜닝과 관련된 검사항목(튜닝 승인 내용대로 변경하였는지 등)은 신규검사의 기준 및 방법에 따라 실시한다. 다만, 「자동차 안전기준에 관한 규칙」 제6조 및 제8조에 따른 자동차의 중량 측정 및 최대안전경사각도의 측정은 필요한 경우만 실시한다.

나. 법 제2조제4호의2에 따른 내압용기 중 천연가스를 사용하는 내압용기로 교체하는 경우에는 국토교통부장관이 정하는 바에 따라 내압용기 장착검사를 추가로 시행한다.

04 임시 검사

법 제37조에 따른 정비명령 사항과 관련된 검사 항목에 대하여 신규검사의 기준 및 방법에 따라 실시한다.

05 수리 검사

가. 제2호에 따른 신규검사 및 정기검사의 검사항목, 기준 및 검사 방법에 따라 실시한다.

나. 가목에 따른 검사 외에 다음의 검사를 추가로 실시하여야 한다.

항 목	검사기준	검사방법
1) 자동차 하부의 연결부위 확인	자동차 하부의 연결부위에 유격, 체결상태 불량이 없고 연결부위의 장치나 부품이 변형되거나 손실되지 않을 것	연결부위의 유격, 체결상태 불량 또는 연결부위의 장치나 부품의 변형, 손실 여부 확인
2) 차축의 뒤틀림 여부 및 좌우대칭 확인	차축의 뒤틀림이 없고 좌우대칭 상태가 양호할 것	가) 자동차 앞 부분과 뒷 부분의 각각 4개 이상 지점의 가로, 세로 및 대각선 길이를 계측자 등으로 측정 나) 자동차의 축간거리 및 윤간거리를 계측자 등으로 측정 다) 휠얼라인먼트 측정결과와 사이드슬립 측정값의 비교(휠얼라인먼트 측정 결과를 제출받은 경우에 한정한다)
3) 각종 오일의 유량 및 오염 여부 확인	엔진오일 등 각종 오일의 유량이 적정하고 오염되지 않았을 것	엔진오일 등 각종 오일의 유량 및 오염 여부 확인(확인이 불가능한 경우에는 그러하지 아니하다)

06

정기검사 중 환경 관련 항목에 대하여는 「대기환경보전법 시행규칙」 제78조 및 제87조와 「소음·진동관리법 시행규칙」 제40조 및 제44조에 따른 기준 및 방법에 따라 실시한다.

참고 문헌

- 봉필준 외 2명, 『자동차 관련 법규』, (주)골든벨, 2018
- 김명준 외 3명, 『자동차 구조와 기능』, (주)골든벨, 2015
- 김광수 외 10명, 『동영상 자동차 정비실기』, (주)골든벨, 2015
- Sige Kotaro, 『자동차 해부 매뉴얼』, (주)골든벨, 2016
- 강금원, 『신개념 자동차 생태학』, (주)골든벨, 2017
- 삼영서방 편집부, 『모터팬 한국어판 친환경 자동차』, (주)골든벨, 2011
- 삼영서방 편집부, 『모터팬 한국어판 하이브리드의 진화』, (주)골든벨, 2012
- 삼영서방 편집부, 『모터팬 한국어판 EV 기초 & 하이브리드 재정의』, (주)골든벨, 2013
- 삼영서방 편집부, 『모터팬 한국어판 엔진 테크놀로지』, (주)골든벨, 2012
- 조칠호, 『아픈차 응급치료』, (주)골든벨, 2008.05.15
- 김관권 외 3명, 『자동차를 알고 싶다』, (주)골든벨, 2010
- 김치현·Jimmy Park, 『운전은 프로처럼 안전은 습관처럼』, (주)골든벨, 2014.02.17
- GB기획센터, 『고객과 함께 진단하는 자동차시스템』, (주)골든벨, 2014
- 현대자동차, 『자동차 사용 설명서』, https://www.hyundai.com/kr/ko
- 기아자동차, 『자동차 사용 설명서』, http://www.kia.com/kr/main.html

찾아보기
Index

찾아보기
Index

자동차정비편

초 판 발 행 | 2018년　9월　20일
제 1판　5쇄 | 2025년　1월　10일

감　　　수 | (사)한국자동차기술인협회
추　　　천 | 김필수
글　　　　 | 탈것 R&D 발전소
발 행 인 | 김길현
발 행 처 | (주) 골든벨
등　　　록 | 제 1987 - 000018호　　ⓒ 2018 GoldenBell Corp.
I S B N | 979 - 11 - 5806 - 332 - 0
　　　　　　979 - 11 - 5806 - 364 - 1(세트)
가　　　격 | 17,000원

이 책을 만든 사람들

교　　　정 | 안명철 · 이상호　　　　표지 및 디자인 | 조경미 · 박은경 · 권정숙
공급관리 | 오민석 · 정복순 · 김봉식　　웹매니지먼트 | 안재명 · 양대모 · 김경희
제작진행 | 최병석　　　　　　　　　　오프 마케팅 | 우병춘 · 이대권 · 이강연
회계관리 | 김경아

(우)04316 서울특별시 용산구 원효로 245(원효로 1가 53-1) 골든벨 빌딩 5~6F
• TEL : 영업전략본부 02-713-4135 / 편집디자인본부 02-713-7452
• FAX : 02-718-5510　　• http : //www.gbbook.co.kr　　• E-mail : 7134135@naver.com